啟動生技密碼

生技產業大躍進・台灣品牌耀國際

李宗洲博士 編著

目 錄

自 序

04　生技起飛　台灣新亮點

PART 1　藥動新世界

08　新藥接軌國際　癌症、超級細菌新剋星

26　掌握創新技術　打進國際舞台

44　台灣大 " 藥 " 進　新舊藥劑齊頭並進

PART 2　醫材新革命

60　腦波變文字　漸凍人眨眼也能寫書

82　診斷大革命　12分鐘病毒、癌症全都露

96　現代無線針灸　止痛晶片刷一下

114　人工視網膜晶片　讓世界光亮有色彩

124　亞太創新生醫發展重鎮—新竹生物醫學園區

PART 3 農業新時代

138 「蠅」得健康 神奇蒼蠅驗農藥殘留

152 抗病蟲、耐逆境 保護希望之苗

164 零換水生態循環養殖 如魚得水

186 打造植物工廠 前進綠金市場

PART 4 生技臉譜

200 陳定信 窮畢生心血找回好心肝

212 楊育民 將台灣品牌行銷到國際

222 楊泮池 量身打造肺癌治療

232 陳鈴津 研發抗癌藥 20 年有成

239 編著者簡介

自序

生技起飛　台灣新亮點

李宗洲

生技醫療產業是全球公認最具競爭潛力的產業，就客觀條件而言，台灣在資通訊、光學與機械產業都已經有良好的工業基礎，且研發能力充沛，再加上醫療技術早已躋身世界水準，因此生技產業擁有非常有利的基礎條件！

未來，生技醫療產業不論從產值規模或未來性來看，都可望成為台灣繼電子資訊業後的另一個新亮點。

放眼台灣生技界，已有許多不錯的成績出現，舉例而言，已進入人體試驗第三期的基亞生技 PI-88、歷經十年研發的太景幹細胞驅動劑 TG0054、斥資 15 億元研發的瑞華新藥 ADI-PEG20，上市後都將成為癌症患者的救星，商機無限；台灣微脂體和智擎生技，透過奈米微脂體包覆技術將老藥改良為新劑型，不但為老藥創造了新價值，更為公司打造出黃金「錢」途！

在各國面臨巨額醫療負擔，積極尋找品質好、價格低廉的藥品同時，台灣藥廠利用合縱連橫、技轉授權及創新研發等方式，凸顯了自己的價值。

台灣科技晶片製造一向技冠全球，隨著全球生物晶片熱潮崛起，台灣已有不少研究人員投入生物晶片的「晶」奇世界！包括讓盲人重見光明的人工電子視網膜晶片、舒緩背痛的止痛晶片等，都為醫界注入新的力量。

此外，12 分鐘就可以檢測出流感病毒和癌症的 V-SENSOR 多功能檢測儀，應

用腦波電極實現人類利用念力操控機械夢想的「腦波操控器」和「眼控電腦」等醫療器材，都說明了台灣未來在高階醫材研發上面的潛力。

環境污染造成食品安全疑慮、氣候變遷引發全球農糧危機，因此，以增加糧食生產、保護自然環境為主要目標的農業生物科技，逐漸受到重視並成為顯學。

台灣農業技術一向傲視全球，如今更跨界整合生物科技人才，積極研究應變之道。從蒼蠅頭酵素檢測農藥殘留、抗逆境產品研發改良，還有利用 LED 燈所建置的植物工廠、零換水生態循環養殖魚類的海洋牧場，各項農業生技的突破，不僅讓國人獲得更好的食品安全保障、免除農糧短缺的危機，更創造了高經濟價值的農漁產業商機。

台灣生技能在國際間嶄露頭角，窮畢生心血與歲月的研究人員居功厥偉，為感念他們的付出，本書特別走訪了陳定信、楊育民、楊泮池、陳鈴津等國際級生技大師，希望透過他們的建言，讓台灣品牌更加活躍在國際舞台。

在生技研發過程當中，存在著許許多多 0 與 1 以及 ATCG 四個英文字母的組合，它們幻化出許多無窮的可能，形成電腦運算機制、鏈結成人類 DNA 藍圖，更產生各式各樣的密碼。現在，就讓我們一起透過本書來透視生技密碼，尋找改變未來的啟動基因。

PART 1
藥動新世界

21 世紀生技產業成為世界各國的重點推動項目，
同時也積極推動醫療改革，
生醫技術的創新讓疾病變得不再可怕，
醫療研究不斷往前走，
藥物品質與治療研究更是需要長時間抗戰，
台灣投入製藥研究 25 年時間，
已有 24 項新藥通過美國食品藥物管理局高標檢驗，
另外，研發老藥新劑型也在國際間嶄露頭角，
運用研究實力與行銷創意，
台灣製藥產業走出自己的一片天空，
在 21 世紀國際製藥領域舉足輕重成為關鍵角色。

新藥接軌國際
癌症、超級細菌新剋星

生醫技術突飛猛進，大幅改善人類生活，世界各國紛紛將生技產業列為國家重點的推動項目；以中國為例，醫療改革的經費高達 1,24_ 億美元，美國的醫改法案更高達 9,400 億美元。

而台灣，自 1980 年代起政府將生技產業列為重點發展項目，尤其是投入製藥研究領域已長達 25 年，不但累積相當多能量，技術也日趨成熟。

不過，一顆新藥從研發到上市，平均需要 10 年以上的時間，而且失敗率往往遠高於成功率。

儘管困難重重，台灣製藥經過長年的努力耕耘，目前已有 24 項新藥通過美國食品藥物管理局 (FDA) 的高標準檢驗。

台灣的製藥技術要交出一張亮眼的成績單，指日可待！

血癌將不再是絕症

血癌最怕引發併發症

《在世界中心呼喊愛情》、《藍色生死戀》，這兩齣感人肺腑的日劇和韓劇，是近年來悲劇的經典。巧合的是，劇中年輕貌美的女主角，結局都是因為罹患血癌而香消玉殞，可見血癌在一般人心目中的可怕印象。

榮總輸血醫學科主任邱宗傑醫師表示：「血癌的可怕，在於它的併發症。血癌病患若是不幸罹患敗血症，身體就會像是被一陣強烈颱風刮過，所有房子都被吹倒，而人也很容易就走掉了。」

鴻海集團總裁郭台銘的么弟郭台成，就是罹患了血癌中最難治療的「急性骨髓性白血病」，不幸在47歲就英年早逝。數億家產，換不回寶貴生命，

讓人不勝唏噓之餘，也了解到血癌治療的高難度。

TG0054 將成為血癌患者新救星

不過，目前有一種還在實驗中的新藥 TG0054，讓血癌治療出現了一道曙光。

血癌治療最大的難題，在於某些血癌細胞如果躲藏在骨髓之中，會被許多細胞遮蓋住，不容易被抗癌藥物所接觸並予以消滅。而殘存的癌細胞繼續生長之後就會造成復發。這名為 TG0054 的藥劑，經過動物實驗證實，可以將藏匿在骨髓中、難纏的血癌細胞，從骨髓驅趕到周邊血，提供抗癌藥物完全消滅癌細胞的大好時機。

研發中的新藥 TG0054，能夠讓化療藥物將病人身上的癌細胞殺得更乾淨，延緩復發的時間，可望將癌症變成可以治療的慢性病。

鴻海集團總裁郭台銘的么弟郭台成，也因罹患了血癌，不幸在 47 歲就英年早逝。

TG0054 不僅僅是種藥物，還是一種幹細胞驅動劑。

幹細胞驅動劑透過類似的機轉，可以將躲藏在骨髓中、難以根除的癌細胞趕盡殺絕。「血癌細胞和幹細胞很類似，都喜歡藏在骨髓裡，它們一樣有受體喜歡在骨髓裡吸收養分。正好可以利用這個藥劑將它們驅趕出來到周邊血，提供化學治療的好機會。」參與這項新藥實驗的中研院基因體中心副主任陳鈴津表示：「治療的時間要掌握好，就可以趁著血癌細胞大量被趕到周邊血、最軟弱時，把血癌細胞殺死。」

生技 EZ Learn

TG0054 動物實驗證實有效驅趕癌細胞

中研院幹細胞研究組負責人游正博博士主導 TG0054 新藥動物實驗。

由中央研究院幹細胞研究組的負責人游正博博士所主導的 TG0054 新藥動物實驗，近來成功研發出一個特殊的動物模型，讓人類的血癌細胞，能夠順利在小鼠的骨髓裡增生、擴散，發展出和在人體內相當類似的生長過程。

研究團隊在帶著人類血癌細胞的白鼠身上，輕輕地打上一針 TG0054 藥劑，短短半小時，就可以發現藏匿在小鼠骨髓中的血癌細胞，已經被大量驅趕到周邊血。

游正博博士表示，實驗數據顯示，從藥物打進去半小時至一小時之內，血癌細胞就立刻跑出來 40 倍之多在血液裡循環，正好可以趁機將這些血癌細胞一網打盡。實驗發現如此一來，老鼠的存活率的確有所不同，壽命因而有效延長。游正博強調掌握治療的時間點很重要！

實驗中的新藥 TG0054 讓血癌治療出現一道曙光。

幹細胞驅動劑增加治癒率

太景生技公司副總經理金其新博士表示，TG0054可望解決難以修復的缺血性疾病。

太景生技公司副總經理鍾添坤醫師指出，使用TG0054可以讓幹細胞執行修復功能。

缺血性疾病獲得治療曙光

除了癌症治療，幹細胞驅動劑更大的潛力，是著眼於幹細胞在再生醫學的應用。

太景生物科技公司藥物研發副總金其新博士解釋：「幹細胞被藥物驅趕出來以後，會尋找人體內什麼部位有受損。好比說腦細胞有中風，被驅趕出來的幹細胞就會跑到那邊去修復；心臟如果有心肌梗塞、發炎，幹細胞也會跑到心臟那邊去修復。所以它是有一種組織修復的功能。」

如果能讓脫離骨髓、進入周邊血的幹細胞，自動尋找人體內缺氧的組織，進行修補。那麼像是腦中風、心肌梗塞，和下肢末梢血管肢體缺血，這些目前難以修復的缺血性疾病，都可望獲得突破性的治療。

期待對急性心肌梗塞具療效

「心肌梗塞的時候，有局部的心肌細胞會壞死。心肌壞死以後，當然心臟會進入衰竭。

動物實驗顯示 TG0054 可以讓迷你豬心臟壞死受到侷限,並具有修復功能。

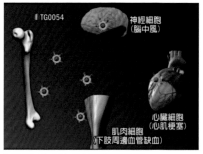

TG0054 為缺血性疾病帶來生機。

而使用 TG0054 可以讓幹細胞執行修復,包括左心室的射出率,一般我們現在用這個指標來當作心肌功能的一個指標。」太景生技公司臨床發展部副總鍾添坤醫師表示。

「我們在動物實驗的過程中,從迷你豬的模型上面,發現使用 TG0054 之後,可以讓迷你豬的心臟,本身的壞死受到侷限,同時也可以有修復心臟的功能。」目前在最接近人體的迷你豬身上,TG-0054 已經證明對急性心肌梗塞有很好的療效。未來能不能實際應用於人類,相當值得期待。

用打針抽血取代骨髓穿刺

骨髓裡頭有很多的幹細胞,經藥物被驅趕出來,是否可以跑到特定的器官,然後進行修補作用?國際知名幹細胞的研究權威游正博博士認為,「對於這種可能性與未來發展表示持樂觀態度」,不過他也強調,這還需要後續很多的研究,才有可能達成。

幹細胞研究的日新月異,讓這項研發中的新藥充滿無窮潛力,但也存在許多未知數。

這項研究目前已經過第一、

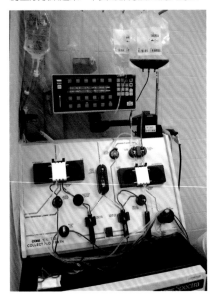

榮總輸血醫學科主任邱宗傑（上圖）指出，血球分離器（下圖）主要功用是將醫師需要的血液收集起來，不要的部分流回病人身上。

二期人體試驗證實，幹細胞驅動劑大幅改善了臨床上幹細胞收集的困難度。只要透過打針和抽血，就可以取代骨髓穿刺這種全身麻醉的高風險手術，讓癌症治療過程中的幹細胞移植，變得更簡單、而且安全。

有助於徹底殺死癌細胞

施打幹細胞驅動劑後，醫師可以用更高劑量的化療，將病患體內的癌細胞殺得更徹底，而不必擔心幹細胞不足會產生敗血症等問題。而且 TG0054 的副作用，遠低於目前醫界使用的其他幹細胞動員藥物。

走進榮民總醫院的輸血醫學科病房，一位女性病患施打完幹細胞驅動劑後，醫療團隊正幫她收集自體的幹細胞。輸血醫學科主任邱宗傑醫師一邊指著病床邊的血球分離器，一邊解釋著：「血球分離器的作

用就像洗腎一樣，有一條血管，血液流出來經過機器離心、分離之後，將血液中我們需要的部分收集起來，不要的部分再流回病人身上。」

　　邱宗傑醫師表示「一般病人很難忍受高劑量的化學治療，萬一血球長不上來，會引起敗血症休克，甚至威脅生命。而幹細胞移植，卻可以在化學治療後，將病人保存的自體幹細胞輸回病人身上，造血系統在兩周內就會恢復，大大降低治療後的併發症。」

降低併發症與副作用發生率

　　其實現在醫院普遍使用的一種已經上市的藥物－白血球生長激素，透過幹細胞增生、

也具有類似動員的功能。但相較之下，TG0054 更為安全而有效率。

「傳統我們醫師在治療時，是要用化學治療加上生長激素，才能夠動員到足夠的幹細胞。但化學治療當然有化學治療的副作用，而 TG0054 目前看起來副作用並不明顯。」邱宗傑醫師説。

「目前在 TG0054 臨床實驗第一期的過程中，看起來它在可以趕出幹細胞的劑量上，還沒有發現什麼副作用。」中研院基因體中心陳鈴津副主任微笑表示，「我覺得 TG0054 的研發很難得，應該可以算是台灣的光榮！」

生技小辭典

幹細胞驅動劑

幹細胞 (Stem cell) 是人體最原始的細胞，不但可以製造紅白血球和血小板，還可以分化為各種組織細胞，因此又被稱為「萬能細胞」。

幹細胞存在於人體內各個器官，但目前最為成熟的臨床應用，仍僅限於骨髓與臍帶血。而成人幹細胞儲存的大本營在骨髓，這是因為骨髓的骨基質細胞表面有許多名為 SDF-1 的配體分子，而幹細胞表面的受體 CXCR-4 會和配體 SDF-1 接合、附著在骨基質細胞上，所以幹細胞會大量停留在骨髓裡。

TG0054 幹細胞驅動劑是 CXCR-4 受體的拮抗劑，它的作用機制在於：透過靜脈注射進入身體、循環到骨髓後，會競爭、取代和骨基質細胞上 SDF-1 配體的結合，讓幹細胞無法附著而脱離骨髓、進入周邊血液系統。

盼癌症可成為慢性病

太景生技吸引跨國投資資金

「叮！」耳邊不斷傳來儀器作業完畢的聲響，造價昂貴的各類大大小小製藥儀器忙碌地運作著。位在台北內湖的大型實驗室，就是 TG0054 的研發基地。幹細胞驅動劑的推手—許明珠博士，正認真地在實驗室的各個角落巡視。

太景生物科技公司的董事長許明珠，曾經在全球前三大的美國羅氏藥廠擔任新藥開發主管長達 11 年，多年前被政府延攬回台灣主導國家型的製藥計畫。豐富的經歷，

太景生技董事長許明珠博士是幹細胞驅動劑 TG0054 的推手。

讓被譽為「生技界張忠謀」的許明珠博士，2001 年創立「太景」之初，就吸引了全球最大的生技創

投基金 MPM、以及台灣、日本和美國等跨國投資團隊的資金挹注。也讓「太景」成為被產官學各界，公認為台灣少數真正有能力進行新藥研發的指標公司之一。

新藥的開發至問市流程需要長時間的研究及實驗。

研發無藥可醫疾病的新藥

「我們研發新藥的重點，放在一些當今醫學上還無藥可醫、或是還很難醫治的疾病上。像是癌症，目前還有很大的空間來研發新藥物，還有感染症、肝炎等等。」許明珠博士

TG0054 研發基地位在內湖。

自信而堅定地說，「我們自己公司設定了一個研發標準：我們要研發出目前無藥醫的新藥，不然就要做出比市場上現有的其他藥物藥效更好的藥。」

以產品為導向，著眼於全球市場，目標性鎖定專利保護的新藥研發，歷經十年蟄伏，

TG0054 幹細胞驅動劑就是許明珠博士相當自豪的成果之一，她強調「TG0054 從頭到尾全部都是『太景』的研究人員研發出來的，而且是世界首創、有專利保護的藥品。有了 TG0054 幹細胞驅動劑，我們能夠讓這些化療的藥物，把病人身上的

癌細胞殺得更乾淨、拉長復發時間，如此一來，我們希望未來有一天，癌症會變成一個所謂的慢性疾病。」

歷時 10 年新藥研發迢迢路

歷經藥物設計、合成、製造、測試，從 13 萬個化合物到一個臨床候選藥物，再到動物試驗、人體試驗種種過程，幹細胞驅動劑如今順利進入人體試驗第二期，背後是研發團隊長達十年的辛苦耕耘。

而新藥上市前，必須經過研究階段、動物試驗、然後通過總共三期的人體臨床試驗，才能取得上市許可。而這當中每個階段的失敗率，都遠高於成功率。

TG0054 幹細胞驅動劑的研發歷程，完全符合國際間新藥開發的平均時程。新藥開發的困難度，由此可見一斑。

生技最前線

TG0054 的研發

關於 TG0054 的研發過程，太景生技公司藥物研發副總金其新博士秀出研發團隊設計藥物的程式，「外圈這就是新藥的酵素，裡面則是化合物，化合物和酵素之間結合得越密切，活性越高。」

金其新博士一邊指著電腦螢幕上 3D 的藥物結構圖，一邊解釋著，「像 TG0054 的研發，我們就是從 13 萬個化合物中篩選出來兩個標靶物。其中，最困難的步驟，就是找到標靶物後如何最適化，而且藥性必須是最好的、且必須沒有毒性。像 TG0054，研發團隊就合成了一千五百個化合物，從中找出兩個化合物認為可以作為臨床候選藥物，再從中找出最好的那一個。」

新藥獲利率在 90% 以上

根據統計，國際藥廠平均為每一個新藥，花費 10 到 20 年的研發時間，投入的經費，更高達 10 億美元以上。

「花那麼久的時間，十幾億美金的投資，那藥廠為什麼要做？」陳鈴津博士表示一般大概有千分之一的成功率，到愈後面的階段，成功率愈高。只要能成功，那獲利相當可觀。以美國市場銷售第十名的藥物為例，現在一年的銷售額，平均就可以超過 30 億美元！

新藥的高經濟效益，是吸引各國競逐這項明星產業的最大誘因。藥品是一個經濟效益很高的高科技產物，一旦新藥成功上市，獲利率在 90% 以上。而且新藥的專利有十年以上的保護，其他藥廠不可以賣、也不可以製造。

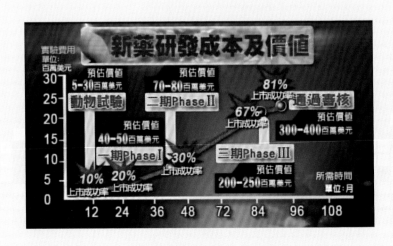

奈諾沙星打進主流用藥市場

糖尿病和社區型肺炎病患福音

奈諾沙星是太景生技公司在2005年從 P&G 買進授權，接手後完成第一、二期臨床試驗，證實對糖尿病足感染和社區型肺炎，有很好的療效，而且還可以百分之百消滅目前讓醫界相當棘手的抗藥性黃金葡萄球菌。

根據太景生技副總鍾添坤醫師提供的資料顯示，社區型肺炎在整個大中華區，一年大概有三千萬人被感染，而初步估計，大約有 6% 到 8% 的社區型肺炎病患會致死。因此，奈諾沙星如果成功上市，市場價值將相當可觀。

「我們完成臨床試驗，能夠做到在人體裡面，證明這個藥物有效，這個藥物的價值一下子就跳到十倍以上。所以我們在奈諾沙星這個藥物上，投資進去的成

本和回收的利潤相比,回收率是相當好的!」許明珠博士強調,為了以最少的錢,展現最大的經濟效益,她選擇將奈諾沙星授權給國際大廠,進行歐美地區的後續開發和銷售。

許明珠博士認為「太景」最大的實力在研發,如果要「太景」成立行銷部門,並不是最好的策略,不如將歐美的行銷交給國際大藥廠,讓國際大廠來付錢給「太景」。

預定 2012 年上市

許明珠博士表示,奈諾沙星的授權,只算簽約金、里程碑金,「太景」的獲利就高達 50 到 100 倍!而權利金的分潤更是收穫驚人。

根據 IMS 的評估,奈諾沙星的全球銷售額,每年可以達到 12 億美元。而依照市場行情,權利金一般大概是銷售金額的 15% 到 20%。

「國際藥廠每賣一塊錢,都要分給『太景』權利金。市場越大收得越多,而且我們可以分享

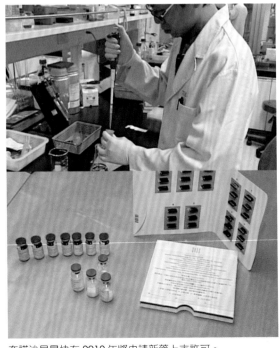

奈諾沙星最快在 2012 年將申請新藥上市許可。

權利金的時間長達 10
到 15 年。」許明珠博
士難掩得意地說：「奈
諾沙星讓我們有長期的
收入。讓我們可以更安
心地投入新藥研發。而
像這樣的模式，『太
景』可以一直重複做下
去。」

　　奈諾沙星，最快在
2012 年將申請新藥上
市許可，可望成為台灣
第一個躍上國際、打進
主流用藥領域的新藥。

　　台灣投入製藥產
業 20 多年，累積了豐
沛的能量。截至 2010
年底，已經有 63 個研
發中的新藥，正在進行
人體試驗。可以預期的
是，未來將有更多台灣
的生技明星，持續在國
際舞台上發光發亮。

扮演價值加乘的創造者

國際新藥市場，長久以來幾乎被歐美大藥廠所獨霸。在國際大藥廠的環伺下，台灣的中小型生技公司，如何能異軍突起？

許明珠博士認為「台灣有很多的優勢，我們有很好的人才，台灣這邊研發的成本也比歐美來得低，員工的工作效率又好。每一塊錢在台灣可以做到的事情，就是比在歐美可以做到的事情多。」

儘管新藥上市的獲利驚人，但投資金額高、研發時間長，能不能做好風險管理和制定清楚的營運策略，是決勝關鍵。根據許明珠博士的經驗之談，風險管理，最重要的就是要慎選題目，並且清楚自己手中有多少資源。而這些都需要有經驗的公司經營者來做判斷。

不同於幹細胞驅動劑從無到有、自主研發，許明珠博士也和國外藥廠策略合作，扮演

「價值加乘的創造者」，代表作就是奈諾沙星，這個被醫界譽為「全世界最好的抗生素」。

太景生技公司在短短五、六年間將奈諾沙星的價值加乘數倍之多，並利用長期的權利金，提供藥廠穩定的收入來支撐耗時又燒錢的研發工作。許明珠博士除了證明台灣有能力研發出新藥，也替台灣的生技產業開創了成功的商業模式。

知名生技創投專家、浩理生技顧問公司總經理李世仁認為，「『太景』主要成功之道是找到一個藥，把它修飾調整到顯現最大的潛力。『太景』同時也告訴世人，這個團隊技術能量好，懂得挑好產品、擁有好技術，知道如何用歐美的法規做到臨床二期，這家公司知道如何授權、建立全球合作夥伴。」

「這種模式就是建立公司本身的優勢，也證明有其能力」，李世仁總經理強調

「太景」證明了這樣的營運模式是可行的，它的成功值得台灣其他生技公司效法。

中央研究院院長翁啟惠也主張，台灣的生技產業應該要有「接力賽」的概念。「選擇投資其中一個階段，如同接力賽般，進行到某一個階段，就交給下階段的人繼續去做。」

翁啟惠院長表示，若能授權給有經驗的大公司繼續發展製成產品，未來的成果將會透過智慧財產權的安排一起分享。例如銷售的收入，就可以得到為數可觀的所謂權利金。等到未來有足夠的力量時，再繼續經營後半段。

掌握創新技術
打進國際舞台

新藥的投資金額高、研發時間長,因此,國際新藥市場長久以來幾乎是歐美大藥廠獨霸的局面。

台灣的傳統藥廠,大多專注於生產專利過期的「學名藥」,但近幾年,中國跟印度等國的學名藥廠如雨後春筍般蓬勃發展,讓學名藥陷入嚴重的低價競爭。

所幸,台灣有幾家中小型生技公司,憑著獨特的技術,成功走出創新的第三條路。

在全球進入高齡化的時代,世界各國都在努力尋求品質好、價格便宜的藥品,台灣的藥廠正好具有這些優勢。

只要能夠確實掌握市場趨勢和創新技術,台灣生技產業將充滿機會!

老藥改良劑型療效加倍

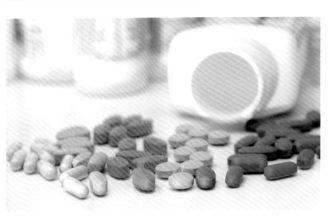

日本是全球第二大單一藥品市場,製藥技術向來在全球居於領先地位。但台灣微脂體這家製藥公司,卻擁有超越日本藥廠的技術,透過劑型調整,讓專利過期的日本老藥,保存期限從 10 個月延長到兩年,藥效也增進四倍。小小的改變,卻大大提升了藥物的價值。

台製藥品進軍日本

2008 年,日本最大的健保藥局通路商跨海來台,簽下台灣自行研發的新劑型心血管用藥 PROFLOW,這紙合約,開創了台灣自製品牌藥物進軍日本市場的第一次。

親自來台簽約的日本藥廠社長三津原博表示:「我們選擇合作的這家台灣生技公司—台灣微脂體,就技術面來説非常具國際水準。它擁有很多新藥製劑,對我們來説,這是他們最有魅力的地方。」

2008 年日本最大的健保藥局通路商來台,簽下台灣自行研發的新劑型心血管用藥 PROFLOW 合約,台灣自製品牌藥正式進軍日本市場。

調整劑型走出新局

「它有一個切入點,光這個產品在日本一年就賣 3 億美元。在中國的市場則是每年都還有兩位數的成長,目前它在中國的市場大約是 11 億人民幣。未來還將更可觀。」台灣微脂體公司總經理葉志鴻信心滿滿地說。

有別於國際大廠耗時又昂貴的新藥研發,也跳脫台灣傳統藥廠生產專利過期的所謂「學名藥」、陷入低價競爭的泥淖,台灣微脂體成功走出了創新的第三條路,在新藥和學名藥的困局外另闢蹊徑、專精於製造所謂的「特殊劑型」。

「把老藥,就是專利過期藥,調整為新劑型,切入特定市場,就叫做特殊劑型。」知名的生技創投專家、浩理生技顧問公司總經理李世仁認為,台灣微脂體公司的最大利基在於:「它把目前的老藥改良劑型,讓它藥效更顯著,劑量降低,副作用更低,那就等於開創一個新的市場。」

創新讓微脂體登上紅鯡雜誌

創新,讓這家只有 70 名員工的小型生技公司,連續兩年被創投界譽為「矽谷聖經」的紅鯡雜誌(Red Herring)選為亞洲百大、和全球兩百大新興科技公司。

紅鯡雜誌甚至在封面還特別標示,這間台灣微脂體藥廠「能用奈米科技,來對抗癌症。」

創投界「矽谷聖經」的紅鯡雜誌,特地報導台灣微脂體藥廠「能用奈米科技,來對抗癌症。」

微脂體小分子鎖定治療標的

奈米大小球體包覆千萬藥物分子

所謂「對抗癌症的奈米科技」，台灣微脂體董事長洪基隆解釋，「就是把小分子的藥，包在奈米的一個微脂體裡面，它可以改變原本這個藥在人體裡面散布的情形，也就改變了它的處方。」

台灣微脂體公司董事長洪基隆博士指出，奈米大小的微脂體可以將成千上萬的藥物分子包覆其中，進而改善藥物的傳輸系統。

台灣微脂體公司總經理葉志鴻表示，微脂體藥物要成功上市，除了劑型設計，還有量產的技術問題需克服。

「微脂體」是一種只有奈米大小的微型物質，卻可以將成千上萬個藥物分子包覆其中，進而改善藥物的傳輸系統。

「全世界能夠做到這種技術的實驗室，大概5根手指頭就可以數得出來。」葉志鴻總經理說著說著一邊伸出手掌搖了幾下，「而且我們不只是在實驗室做得出微脂體，還可以真的讓微脂體藥物成功上市，變成一個產品。它的困難點，不只是劑型的設計，還得克服量產的技術問題。」

減少藥物毒性減低細胞傷害

透過微脂體技術包覆專利過期的學名藥，不只可以跳過新藥開發冗長又昂貴的歷程，還可以賦予藥品新的價值。藥效提高、副作用降低，甚至連藥品的適用範圍，都可能有所突破。

洪基隆博士補充說明：「微

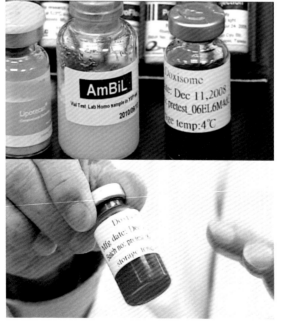

脂體的技術可以改進藥的性質，減少原本老藥的毒性，之所以能減少它的毒性，原因就在於透過微脂體，可以控制抗癌藥物不會到處亂跑，就可以減少對正常細胞的傷害。」

抗癌藥物幾乎都具有很高的毒性，靜脈注射進入人體，就會全身循環，毒性可能殺死癌細胞，也可能傷害到體內正常的細胞。但是用微脂體適當包裹、改良劑型之後，微脂體就有類似標靶的作用，可以讓藥物比較趨近癌細胞、比較容易將目標鎖定在癌細胞，而相對的，正常細胞就比較不會被無端波及。

台灣微脂體的創業代表作「力得」（Lipo-Dox），就是利用微脂體技術，將既有的血癌藥物「小紅莓」改良變得更趨近癌細胞的新劑型。

生技最前線

微脂體技術包覆

　　微脂體，可以想像是個小球。那小球裡外都有水，構成這個小球的是脂質，就是細胞膜裡面的成分，所以它是天然物質。

　　「我們的微脂體是從大豆抽取出來的，也有些是合成的，但是它是你身體可以消化掉、新陳代謝掉的物質。也就是說，微脂體是不會殘留在你身體裡面的，所以對人體非常安全。」台灣微脂體董事長洪基隆博士滿懷得意地說，「微脂體這個小球，小到100奈米，要製造這麼小的球體，藥物要怎麼樣被包裹住、然後放進去？我們的技術核心就在這裡！」

力得（Lipo-Dox）

　　台灣微脂體的創業代表作「力得」（Lipo-Dox），就是利用微脂體技術，將既有的血癌藥物「小紅莓」改良後的新劑型。

　　微脂體形成的奈米小球，將「小紅莓」包覆之後，就能像巡戈飛彈一般，到達腫瘤部位才釋放藥物。如此一來，劇毒的抗癌藥物，既不會在血液中被稀釋濃度，也不會傷害到正常的細胞。劑量減少，副作用也減輕。

　　更特別的是，「小紅莓」被微脂體包覆、變成「力得」之後，竟然有了新的療效，適應症從血癌變成了卵巢癌和乳癌。

　　「力得」在 2001 年經台灣衛生署核准上市，目前這個健保給付的抗癌藥物，是全世界不到十個的微脂體藥物之一，而且價值不斐，光是亞洲市場，2009 年一年，就創造了 700 萬美元、相當於新台幣兩億多元的銷售額，堪稱明星藥品。

老藥創造新價值

世界各大藥廠積極爭取合作

「台灣微脂體的優勢就是做人家沒有的！開發新藥的困難度很高，許多大公司都不敢做，並且把研發單位都移到中國，或是轉移到印度，抑或者買小公司的東西……是為什麼？因為新藥開發要花費很多錢！」洪基隆博士滿臉笑意驕傲地說「我們只是一個小公司，我們的利基就是技術，技術，還是技術！技術的投入，才能增加公司的價值！」

洪基隆博士表示：「目前世界已有很多國際大藥廠，如義大利和美國的公司想要用我們的技術。最近有家世界相當知名的生技公司，一直希望取得我們治療眼睛疾病的技術。他們有藥，但是他們的藥物輸送系統不好，而我們有那個系統。」

洪基隆博士停頓了一下，認真地計算起數字，「他們一個藥

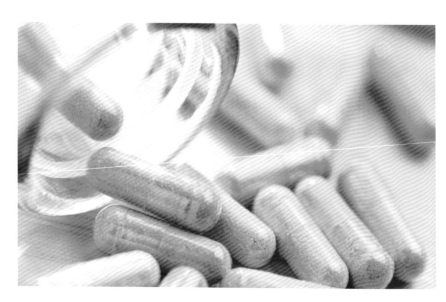

就賣幾十億美元，如果將我們的技術加在他們的藥物裡面，就算只有銷售金額的 2% 或 3%，我們就可以收到多少錢了？！當然絕對不止這樣，不會只抽 3% 的，因為當這技術非常重要的時候，我們當然會要求愈高愈好！」

台灣應加強創新能力

對於微脂體技術，將老藥創新產生新價值，中央研究院院長翁啟惠抱持非常肯定的態度，「老藥可以有新的創新，這應該鼓勵！而且台灣一定會做得很好！因為我們台灣對已經存在的東西，要把它改善，能力特別強！要從無到有，台灣目前是比較缺乏這種經驗。」

「我們台灣生技業面臨到比較大的挑戰，就是怎麼樣加強創新的研究。我們所謂創新其實是在講改變帶來的新價值，這叫創新。所以不只技術上，有一些創新是在管理層面的，有的是設計層面，甚至組織架構層面，都可以想辦法創新。」翁啟惠院長語重心長地說。

供應癌症原料藥 活躍國際

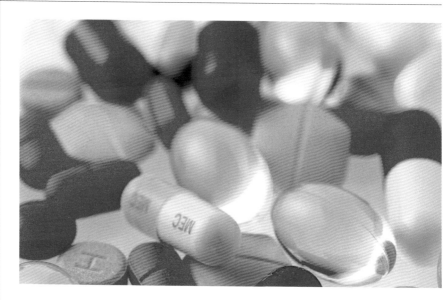

最大癌症原料藥供應商

相較於台灣其他藥廠蓄勢待發、正準備揮軍國際，台灣最大的「原料藥」廠—台灣神隆公司，早已經享有全球知名度—它同時也是目前世界上最大的癌症原料藥供應商。

身穿隔離衣的研發人員，忙碌地穿梭在偌大的廠房。這間位在台南科學園區的製藥公司，建廠時就展現國際化的企圖，所有軟硬體都是以國際級的高規格來設立。早在 2001 年，就成為台灣第一家全廠通過美國食品藥物管理局 FDA 稽查的原料藥廠商。

「『神隆』在一開始就是以國際市場為目標而設立的！」台灣神隆公司總經理馬海怡用輕柔卻堅定的語氣說：「我們的原料藥，雖然主要提供給學名藥的製造用，但是我們的廠房是經過所有世界上最大的跨國新藥開發公

司的認可！因為我們設計廠房完全是依照著國際水準，我們的操作流程也是照國際水準。」

「尤其是 FDA 已經來台灣檢查過三次，世界上其他非常重要的市場，譬如日本，我們也通過查核。全世界的一些大廠商，包括一些新藥開發公司，他們陸陸續續從 2004 年開始來找我們，希望我們幫他們代為開發新藥的製程。」 馬海怡博士一再強調「神隆」的優勢。

台灣神隆公司總經理馬海怡強調，公司設立以國際市場為目標。

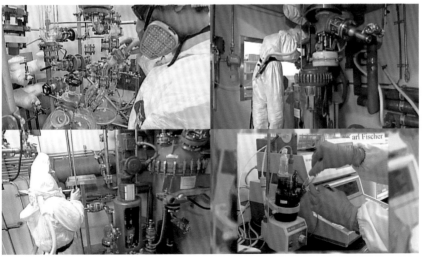

台灣神隆公司廠房設備具國際水準。

與全球七大藥商合夥創商機

通過最嚴格的國際認證，果然讓這家平地而起的台灣藥廠，成功吸引國際目光。不只是全球前十大生產專利過期藥品的「學名藥廠」，都來向台灣採購原料藥做成製劑，連研發「專利新藥」的全球前十大藥商，其中七家都特地來台和「神隆」洽談合作、希望共同開發藥品。

「基本上我們是提供原料藥的廠商，我們跟做製劑的廠商，不是一個簡單的買賣關係，而是合夥人的關係。這個合夥是在一開始研發產品時就決定了，決定了之後、進去註冊之後，我們就要一起牽手上市。他們不能臨時再去換原料藥的來源。」馬海怡博士說。

「神隆」的廠房是台灣難得一見的大廠房，不過在中國和印度，有更大規模的原料藥廠，「神隆」的競爭優勢到底是什麼？

高品質與技術成為高獲利關鍵

馬海怡博士表示：「『神隆』的藥現在可以進入的國家，很多是中國大陸跟印度廠沒有辦法進去的。這些國家都是所謂法規很嚴格的國家，法規嚴的國家能進去的公司少、競爭就少，那就表示我們可以獲得比較好的價格，藥廠的獲利自然就會比較高。」

為了做出市場區隔，「神

生技小辭典

原料藥

什麼是「原料藥」？台灣神隆公司總經理馬海怡博士解釋：「我們吃的藥裡面，譬如說一片藥劑，裡面有很多很多的成分，但其實這些成分當中，通常只有一個成分是真正對你的病有療效的，這種成分就是我們所謂的原料藥。」

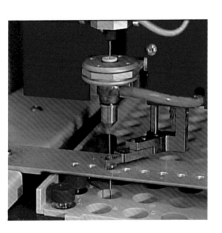

隆」選擇挑戰切入高難度、高門檻、但相對也高價值的高活性「癌症原料藥」，用高品質和高技術，來說服國際客戶。

馬海怡博士進一步說明：「假如中國大陸跟印度加起來，譬如說三、四千家原料藥廠好了，第一關能夠符合美國 GMP 要求、FDA 來查廠沒問題的藥廠，大概百分之九十都沒辦法過關、就被排除掉了。」

持續開發新產品並擴張產能

「再來第二關，這些剩下的中國或印度藥廠，必須保證它們做出來的原料藥不會侵犯任何的專利，這樣就又刷掉一大批公司。然後第三關，哪些藥廠會做癌症的藥？哇，又再刷掉一堆了！」

「最後，在這些會做癌症藥的公司裡，又有哪幾家能不斷地投入資金、癌症藥生產線產能最高、又不停投入開發新產品、投資擴張產能？有能力和我們競爭的中國和印度藥廠，其實就剩下沒幾家了！」馬海怡博士指出了「神隆」的國際競爭力所在。

1997 年成立，熬過前九年的虧損，如今「神隆」這家台灣公司所開發生產的原料藥，供應國際間超過 230 家藥廠，營收連續十年創下兩位數的高成長。在 2009 和 2010 年更連續被財經雜誌評選為國內最賺錢、獲利最佳的製藥公司，儼然成為台灣生技產業最亮眼的一顆星。

前進中國醫藥市場

長時間醞釀後一飛沖天

　　「神隆」鎖定在原料藥的供應者角色，市場定位清楚，憑藉著台灣人才擅長的合成、品管、和品保能力，提供品質良好、符合國際法規的產品，才得以和國際大藥廠在專利沒過期前，就建立起合作關係，營收得以穩健成長。

　　對於台灣神隆公司這十多年一路走來的發展和成長，馬海怡博士伸出手掌模擬飛機起飛的手勢作比喻「生技產業跟別的產業比起來，其他產業就像是坐著直升機，可能不需要跑道就可以飛上天去，但是飛上去卻飛不了多高；而生技產業則像是一架波音747巨無霸，跑道很長，需要一段時間醞釀，但是一旦

飛起來，就可以飛得很高很高，遠遠超過了直升機。」

馬海怡博士強調：「我們如果不經過這個環節在跑道助跑累積實力，就飛不上天，而一旦飛上去以後，要不飛那麼高也很難。」

轉進中國市場搶食業務大餅

過去十多年，遠赴全球開疆闢土，「神隆」的客戶遍及五大洲各國際大藥廠；但放眼未來十年，馬海怡博士坦承「神隆」瞄準的是廣大的中國市場。

「現在很多歐美大藥廠想進中國大陸，如果從國外生產再運進去的話，成本是划不來的」雖然想進去，也實際到中國走了一圈，但「神隆」還在盤算如何佈局大陸市場：「要把產品拿到哪家生產？也很擔心品質問題！然而國際大藥廠客戶都一直來詢問：『你們什麼時候中國廠蓋好，我們就請你們幫忙代工。』所以將來在中國幫國際藥廠代工，會是我們一個很好、很穩定的業務！」

其實，不只「神隆」，台灣許多藥廠，也都紛紛將首要的業務拓展目標鎖定在中國市場。像是太景生技公司，董事長許明珠就直言：「大中華市場在可以預見的未來十年，還是會繼續擴張，

元。「那 2 兆到 3 兆的世界市場，台灣現在佔不到 1/100，假如十年之後，台灣能在全球市場佔有 5% 的話，就不得了了！」

所以中國大陸是台灣生技產業不可忽略的重要市場，而台灣的優勢就是「相對於其他國家，我們更了解中國大陸，我們對華人的這些疾病也比較了解，當然我們台灣的生技業不管是從研究的角度、或是市場開拓的角度，我們都應該是非常具有優勢！」翁啟惠充滿信心地微笑著說。

是一塊非常大的餅！也是台灣廠商最容易打進的市場！如果台灣政府將我們和中國大陸之間的一些限制，慢慢拿掉，這麼好的市場，其實就在我們的旁邊呀！」

運用優勢拓展中國醫藥市場

中央研究院院長翁啟惠也表示，中國大陸的市場慢慢在擴張，十年之後，預估整個亞洲會佔據全球生技產業至少 1/3 的市場，而十年後，整個藥物生技的市場，大概會達到 2 兆至 3 兆

事實上，隨著經濟起飛，蓬勃發展的中國醫藥市場，已經成為全球生技業覬覦的共同目標。知名生技創投專家李世仁博士認為，這正是台灣生技產業的一大機會，因為台灣正可以居中扮演關鍵角色。

大步邁向黃金十年

台灣的生技產業長期依循著

全球最嚴格的美國法規，依循全球所有的商業規則、保障智慧財產權，李世仁博士強調：「台灣非常融入國際社群、也符合國際的法規、所有遊戲規則。台灣的生技產業是被全球認可和尊重的。我們的生技業長期和美國、日本、歐洲都有良好的互動，各國對我們這樣的合作夥伴應該是相當有信心的！彼此有很好的互信基礎！可以用最少的錢，展現最大的經濟效益。」

「另一方面，全世界許多國家都在進行醫療改革，但是各國的高齡人口快速增加，各國的政府都無力支撐這麼大的醫療需求，所以各國就必須向全球去搜尋、購買便宜的藥品，但是品質又要夠好，而台灣的藥廠就具有這種優勢。」

李世仁停頓了一下，抬頭望了望遠處，眼神閃爍著光亮和希望，繼續笑著說：「這個時間點，對台灣的生醫產業真的是一個難得的大好機會！我們這麼多年累積的基本能量夠多了！剛好世界上又有這些趨勢，雖然我們以前落後了一段，但未來只要我們掌握得夠好，台灣現在的切入點是很好的！」

和台灣關係密切的醫藥大國美國、日本和中國，都相繼投入醫療改革，而兩岸交流也日益頻繁，再加上政府的大力推動和支持，從市場觀點，台灣到了一個絕佳的起點！台灣的生技產業，正邁向天時、地利、人和的黃金十年！充滿機會也充滿挑戰！

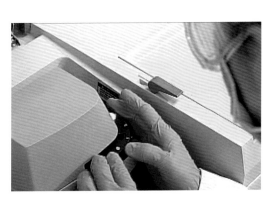

應成為中美日市場關鍵合作夥伴

生技創投專家李世仁博士指出，台灣最適合扮演美、日、中三大市場最關鍵的合作夥伴。

生技創投專家李世仁認為台灣是中小型市場，實施全民健保之後，健保的醫療給付不高、法規又相當嚴格；在台灣設立生技公司，如果只看本土市場，是很不利的。而中國大陸是全球成長最快的市場，每年都有高達百分之十幾的成長率，且已慢慢追上日本，幾乎成為全球第二大醫藥市場！

而這個市場離台灣如此近，由於台灣和中國的文化、語言又相通，且和中國簽訂 ECFA 把兩邊連接起來，雙方在和善的氣氛下對等開放，台灣應成為世界各國生技公司進入中國市場最好的合作夥伴！

李世仁博士舉全球前三大生技醫藥的單一市場—美國、日本和中國為例，台灣最適合扮演這三大市場之間最關鍵的合作夥伴。「因為美國和中國互相威脅，不利於美國企業直接到中國做生意，所以美國人和中國人之間往來的最佳合作夥伴就是台灣人。中國和日本有長久以來的民族仇恨情結，也不容易直接作生意。而台灣卻是中日兩方都認可的合作夥伴、溝通橋樑。就算美國人和日本人之間洽談生意，雙方的文化、法規都差異甚大，台灣人也可以居中扮演重要角色！」

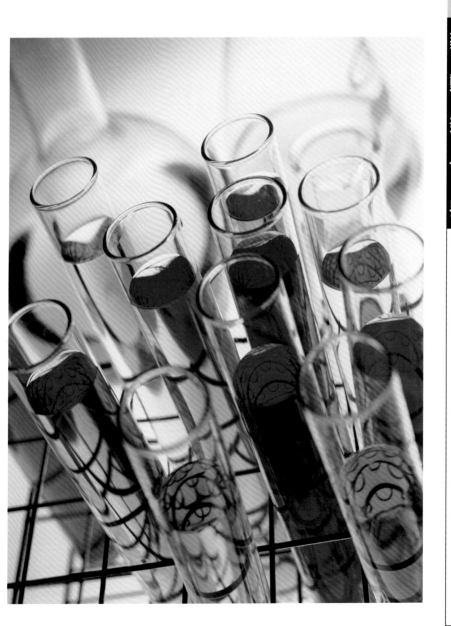

台灣大"藥"進
新舊藥劑齊頭並進

台灣生技藥廠該如何走出自己的一條路？

瑞華新藥斥資 15 億研究的新藥 ADI PEG20，將於 2014 年取得美國 FDA、歐盟 EMEA，以及兩岸三地的上市許可，成為台灣第一個從研發到量產，並獲得國際認證核准上市的新藥，證明了台灣擁有創新與新藥開發的能力；而智擎生技著重老藥新劑型研發，運用策略聯盟與專業分工走出整合型新藥開發新定位。

在 21 世界生技製藥產業，台灣也正努力轉型準備大"藥"進！

國際級蛋白質藥廠即將誕生

ADI-PEG 20 具市場潛力

這是一個風和日麗的午后,原本晚上要趕回美國的北極星集團執行長吳伯文,為了新藥廠的設計圖,特地延後了回程班機。我們登門拜訪時,他和幾位幕僚才剛從美國工程設計公司 Jacobs 那兒回來,雙方針對第一階段概念設計及管線配置,已會談了好幾次。

北極星集團轉投資的瑞華新藥,將斥資台幣 15 億元,在新竹生醫園區蓋國內第一座國際級的蛋白質藥廠,光是設計費就砸了 400 萬美元。這個大手筆投資,引來股東們的猶豫,然而吳伯文執行長卻很斬釘截鐵地說,「現在是最適合蓋藥廠的時間,等 FDA 批准了再蓋,就耽誤了。更重要的是,我要讓台灣瑞華新藥有這個藥的製造權。」他口中的藥,指的是 ADI-PEG 20,一款研發 8 年、充滿潛力的蛋白質新藥。

這套層析管柱及電腦系統主要是針對蛋白質純化及相關系統資料進行分析。

生技最前線

ADI-PEG 20

ADI-PEG 20 是利用癌細胞及正常細胞新陳代謝差異,研發出來的新型標靶藥物,它的作用機制和目前已知的癌症用藥完全不同,療效明顯又沒有太大的副作用,頂多是過敏性皮疹以及尿酸變高。

透過動物及人體臨床試驗證實,ADI-PEG 20 能有效抑制 14 種癌細胞,其中,包括黑色素皮膚癌、小細胞肺癌、肺間皮癌、攝護腺癌、血癌、淋巴癌、肉癌、骨癌等八種癌症,已經在歐美等地完成一、二期臨床;而眾所矚目的肝癌,更在美國最頂尖的史隆凱特靈癌症紀念醫院 (Memorial Sloan-Kettering Cancer Center) 展開多國多中心的三期臨床試驗。

預估年獲利近新台幣 100 億元

ADI-PEG20 可望在 2014 年取得美國 FDA、歐盟 EMEA,以及兩岸三地的上市許可,成為台灣第一個從研發到量產,並獲得國際認證核准上市的肝癌新藥,有機會取代目前唯一的肝癌化學標靶藥 Nexavar。保守估計,未來市佔率最少有 5%,一年的獲利將近台幣 100 億元。

然而,這個曾經 12 次發不出薪水,還在燒錢,而且已經燒了幾十億的生技公司,怎麼還敢砸大錢繼續往前衝?吳伯文執行長說,這其實也超乎他的計畫,故事,要從一個意外說起。

全球第一個肝癌蛋白質新藥

諾沙瓦上市激起瑞華鬥志

　　話說吳伯文執行長當初在集資時，堅決表態不走到臨床第三期、不投資設廠。因為臨床第三期的關鍵，不但花最大的資源，還得承擔功虧一簣的風險，還不如完成第二期，確定還有潛力的高峰點，就技轉給國際大藥廠，這其實也是國內新藥開發依循的模式。然而，一路走來，「瑞華」發現 ADI-PEG 20 實在太具革命性，使得

他們後來順勢改弦易轍，至於轉捩點，就在 2007 年的年中。

　　2007 年 6 月，全球各地兩、三萬位癌症專家在美國芝加哥齊聚一堂，在國際最重要的癌症醫學大會 ASCO（American Society of Clinical Oncology）舉行的年度會議上，德國拜耳提出諾沙瓦 (Nexavar) 治療肝癌的臨床數據，雖然這藥有不少的副作用，但號稱可以讓肝癌末期病人延長 40% 的壽命，仍引起

全球相繼上市。

　　諾沙瓦激勵了吳伯文執行長往前走的鬥志。在他眼裏，這個專家們都認為還有改善空間的藥都能獲准上市，實在沒有理由在中途就把 ADI-PEG20 技轉出去。

積極尋找國際大廠合作

　　吳伯文執行長再度奔走，透過質押、擔保、籌資，讓 ADI-PEG 20 得以繼續做臨床。外界看來，這無異於瘋子的冒險行徑，卻被吳伯文執行長視為藥物上市前最後的加值機會，「這好比女兒嫁出去之前先累積嫁妝，我們不只幫它蓋廠，盡量把三期臨床落實，不只做肝癌，還多做幾種癌症試驗，以證明它的價值更高，等待找到合適的 partner，就把全球的銷售權賣出去。因為我們沒本事在歐美賣藥，一定要透過國際大廠既有的通路」。

　　說是要找 Partner，不過北極星集團的條件很高，一來不賣中國及台灣的銷售權，因為肝癌

繁複的製藥過程更需要精密儀器，Renaturation（復性槽）主要就是進行蛋白質復性所用。

是兩岸最致命的敵人，吳伯文執行長希望兩岸三地的華人可以享有較廉價的肝癌藥；二來新藥上市後，10 年內的生產將由台灣瑞華新藥獨家供應。儘管如此，已有好幾家國際知名大廠在洽談中，等最後的拍板定案。

讓台灣生技產業價值被看見

問吳伯文執行長預期 ADI-PEG 20 可以拿到多少授權金，他露出一臉的驕傲：「美國聖地牙哥一家做血癌的藥，只做到臨床第一期，就賣了 6 億 5 千美元，我們血癌已做到二期、淋巴癌二期、小分子肺癌二期、攝護二期、肝癌到了三期……，妳認為，我們的價碼可以談到多高？！」

一個數字，不只代表藥物的成功，還具有深遠的意義。

當台灣可以從頭到尾，研發製作出蛋白質新藥，而且還擁有 10 年的全球製造專利，台灣在生技界的價值，終於有機會被全世界看見！

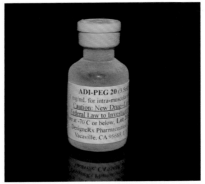

研發 8 年的 ADI-PEG20 將是台灣第一個從研發到量產通過國際認證核准上市的新藥，未來年獲利預估近百億新台幣。

蛋白質藥成全球製藥趨勢

蛋白質藥成長速度驚人

1978 年，美國基因公司 (Genentech) 以基因重組的方式開發了人類第一款生物藥—人工胰島素後，蛋白質藥已成了難以逆轉的製藥趨勢。

以羅氏藥廠 (Roche) 的蛋白質癌症藥物 Avastin 為例，光是這一顆藥物在 2009 年全球銷售額便創下 57 億美元。整個全球生技藥品的市場看來，也從 2000 年的 227 億美元，成長到 2008 年的 7120 億美元，每年仍以 15% 的速度持續成長，預計到 2025 年，蛋白質藥幾乎會占 7 成以上。

 生技小辭典

蛋白質藥

所謂蛋白質藥 (BioPharmaceuticals) 指的是利用細胞培養或重組 DNA 的方式，製造出來的藥物，它比一般化學合成藥物的活性更好、毒性更低，不過，正因為它無法複製合成，製程時間較長，每批藥物也不可能百分百一樣，加上蛋白質本身的生物活性，任何製程的改變都會影響藥的品質…種種的複雜度，使得全球能夠量產的蛋白質藥廠不到 5 家，這也意味著背後隱藏的巨大利潤與商機。

蛋白質藥投資風險大

　　已有一、兩百年發展歷史的小分子化學藥物，因為製程容易、門檻低，在激烈的競爭下，利潤相當微薄；尤其到 2015 年，目前的化學藥專利幾乎到期，代工藥廠之間的價格廝殺，只怕會更為慘烈。東洋製藥董事長林榮錦曾說「台灣不做蛋白質藥，醫療資源會破產。」這句重話聽起來危言聳聽，卻道盡台灣生技製藥面臨的困境。

　　只是，蛋白質藥的投資畢竟太過龐大，國內一般藥廠很難承擔得了這種風險。這時，整合不同領域的優勢，共同開發新藥的策略聯盟應運而生。東洋集團旗下的智擎生技，就用這種方式打了漂亮一仗。

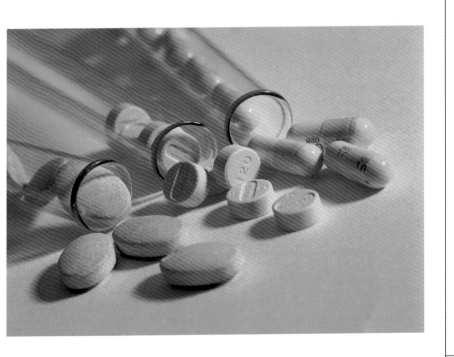

智擎新藥授權金創紀錄

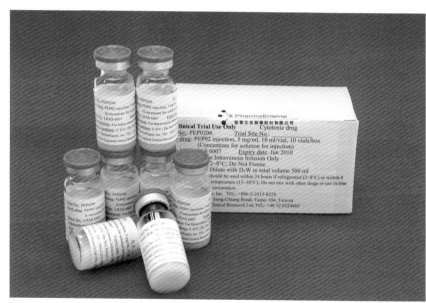

PEP02 癌症用藥創下開發授權金最高紀錄，目前已進入第三期臨床試驗

PEP02 授權金達 2.2 億美元

在生物藥廠全球搶灘戰開打的同時，智擎生技以 2.2 億美元，將癌症用藥奈米微脂體喜樹鹼（PEP02），授權給美國 Merrimack，創下台灣新藥開發授權金的最高紀錄。

其實，PEP02 用的是已經上市的化療藥喜樹鹼，這種藥十分強烈，腫瘤細胞雖然可以被殲滅，一般正常細胞也將嚴重折損，算是一種玉石俱焚的激烈手段。不過，「智擎」用微脂體包覆的技術將喜樹鹼做成奈米劑型，讓藥效可以更精準地抵達腫瘤位置，PEP02 便以這種老藥新劑型的方式，完成美國 FDA 第二期，並將展開三期臨床。

尋找具潛力新藥技轉

　　和「瑞華」重金砸出的大計畫比起來，「智擎」的新藥開發計畫顯然是保守穩健許多。「智擎」不做新藥發現（DRUG DISCOVERY）的基礎研究，不投資昂貴的實驗室設備，「NO RESEARCH，DEVELOPMENT ONLY」是「智擎」最主要的發展策略，通常他們是找出具有潛力的候選新藥，以技轉的方式取得授權，然後委外製造藥劑，與國際知名癌症中心合作，進行一二期的臨床實驗，一旦成功後，便再技轉出去。

　　「整個藥物開發最菁華就在這裏，台灣能做的也是這裏，如果太

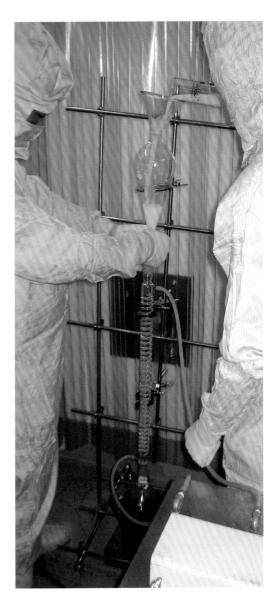

大的台灣玩不起來,因為第一投資太大,第二風險太高,光第三期臨床可能就要新台幣 20 億元,台灣有哪幾家公司有這個能力。」智擎生技事業發展處資深經理吳兆升一語道破台

灣製藥的現況。

建立有效整合計畫與市場策略

嚴格說起來,「智擎」應該被定位為「整合型新藥開發公司」,它不只需要有專業技術,更需要對生技產業鏈通盤了解,才能在對的階段找到對的 Partner,適時跟國際生技公司、國際癌症中心合作,以建立有效的臨床開發計畫與市場策略。

智擎生技總經理葉常菁對此做了一個比喻,「新藥開發是一場接力賽,需要透過適時且正確的傳接棒,才能創造最大的成功契機。」這種策略聯盟,不僅可以縮減新藥的開發成本、降低風險,也成為台灣新藥開發的成功範例。

智擎生技製藥由總經理葉常菁領軍,她形容新藥開發是一場接力賽,需要透過適時而正確的傳接棒,才能創造成功契機。

合縱連橫開闢製藥新出路

政府領軍呈現蓬勃生機

　　打從 1982 年，行政院已經把「生物科技產業」列為八大重點科技產業之一。但是過去 30 年，台灣製藥產業有一半以上是學名藥或中草藥，而且走的都是代工路線，在全球四千多億美元的生技藥物市場中，台灣生技製藥總產值更只占全世界約 0.4%。

　　近期，政府啟動了「生技鑽石起飛行動方案」，經由政府領軍發展生技產業，使得台灣生技業出現前所未有的蓬勃生機。根據最新的統計，台灣目前有 84 種新藥開發在作人體試驗，進入第三期臨床試驗的有 14 項，第二期臨床試驗則有 39 項。

改變經營模式再創生技奇蹟

　　然而，新藥研發是一段漫長、繁複、而且高風險的歷程，

正如行政院政務委員張進福所說：「生技新藥像是煉仙丹，煉一顆仙丹要 10 年，要燒 1 億美元，而且成功機會可能只有 5%。」一向擅長快速反應、短打得分的台灣產業經營模式，在發展生技的同時，勢必在心態與策略上要有所調整，要懂得耐心經營，要懂合縱連橫，才能走出一條自己的路。

「瑞華」的例子證明了台灣擁有創新與新藥開發的能力；「智擎」則讓人看到策略聯盟與專業分工的力量。兩者看似不同的新藥開發策略，卻都因為前瞻與堅持，得以讓台灣在激烈競爭的全球市場中，佔有一席之地。

美國時代雜誌預言，「2020 年全球將進入生物經濟時代，不久的將來，生物經濟將 10 倍於資訊經濟」。曾經以資訊產業稱霸國際的台灣，是否能以生技製藥接棒，跑出亮眼的成績，著實令人期待。

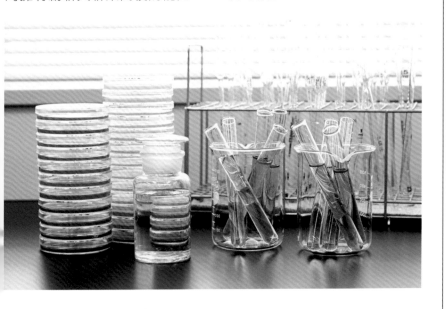

PART 2
醫材新革命

台灣在電子產業和醫學研究都擁有國際級的研發水準，
這也是我們必須掌握與善用的優勢，
結合電子技術與醫學治療研究，
台灣有效發展出電子抗體工程檢測技術，
12 分鐘就可檢測是否感染流感、肺癌等六種疾病；
「人工電子視網膜晶片」讓視障者得以重見光明；
「腦波操控器」為肢障者提供超能力用念力控制行動；
而止痛用微晶片，幫助骨刺或神經痛患者遠離疼痛！
2011 年新竹生醫園區落成啟用，
更成為為未來整合電子產業與生物醫學的重要平台，
扮演台灣醫藥研發大腦的角色，
為台灣生技產業下一個黃金十年努力。

腦波變文字
漸凍人眨眼也能寫書

無論是血壓計、血糖計、隱形眼鏡、還是電動代步車,台灣的醫療器材在國際上都有不錯的市場佔有率。

台灣擁有全球頂尖的電子科技產業,醫療水準也堪稱國際一流,有越來越多的研究團隊試圖將台灣的這兩大優勢結合,希望造就台灣醫療器材產業更亮眼的表現。

中央大學、陽明大學、以及榮民總醫院合作開發的「腦波操控器」,只要利用一對小小的腦波電極,就能實現人類擁有超能力、利用念力來控制機械世界的夢想。

身如頑石、心如飛鳥的漸凍人

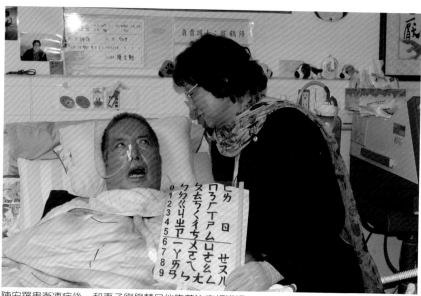

陳宏罹患漸凍症後，和妻子劉學慧只能靠著注音板溝通。

無法用言語肢體溝通

　　一踏進台北市立聯合醫院忠孝院區裡、全台首座運動神經元疾病專責照護中心—「祈翔病房」，耳邊就傳來一陣輕柔的聲音，「六、七、八、ㄞ、是ㄞ嗎？ㄅㄞ嗎？ㄅㄞ對的話看我！不對？不對嗎？」走近拜訪，原來是漸凍人協會理事長劉學慧正坐在丈夫陳宏的病床邊，拿著手上的注音板，試圖和丈夫對話。

　　「原來他的眼睛跟我一樣看著板子的，那我唸到第二行注音的時候，他眼球移動了一下、看了我一眼，我就知道他要這行的注音。」劉學慧向我們解釋夫妻倆獨特的溝通方式。

　　插著呼吸器、全身癱瘓躺在床上的陳宏，只能靠眨眼皮、轉動眼珠，和外界溝通。十多

年前，一場突如其來的運動神經元疾病，讓喜愛寫作、攝影、並曾在報社擔任主筆的陳宏，成了漸凍人。

「十幾年前，當他手寫出來的字歪七歪八，大家都看不懂的時候，當他講話漸漸含糊不清、我們都聽不清楚的時候，其實我們大家都很慌張，有一段期間完全不能接受！我記得剛開始他寫出來的東西、我們看不懂他的字時，那時候他的手還沒有到完全不會動，他就會

劉學慧發明的手寫注音板，以聲母、韻母分類分行。

很生氣地甩筆、甩東西。他說，當他要表示的意思，對方沒有辦法接收，那是非常無奈痛苦的事情！」劉學慧回憶。

眨眼傳意走出創作人生

為了讓身體四肢日漸「凍結」的陳宏，能順利表達自己的內心世界，太太劉學慧自己發明了一個手寫的注音板，上頭寫滿了密密麻麻的國語注音符號，用聲母、韻母，分類、分行。

夫妻倆就這樣靠著劉學慧自製的注音板，一個字一個字的拼音、眨眼、猜字，來溝通日常生活的大小事，甚至還合寫文章、出書。只見劉學慧一手拿著注音板，一手拿著原子筆，熟練地念著注音板，並飛快地寫下陳宏眼球轉動所示意的字母，一個中文字平均要眨眼十下，即使短短一千字的小品文，就得花費夫妻兩人至少一個星期的時

十幾年間，夫妻倆透過眨眼皮、轉動眼珠寫了七本勵志書籍。

胃才能完成。

但這十幾年間，他們竟然就這樣子在病房裡合作撰寫了包括「眨眼之間」、「生命之愛」、「頑石與飛鳥」、「自在少水魚」……等七本勵志書籍，創下了「眨眼書寫出版最多字數」的金氏世界記錄。儘管病魔纏身，陳宏的字裡行間卻充滿樂觀、堅韌的生命態度，讓廣大讀者群深

深受到感動和激勵。

僅靠眼示意　理解有困難

「八（第八行的注音）？對的話，眼睛看窗；九（第九行的注音）？對的話看窗。都沒有嗎？好吧，其實你累了，你的眼神表現不出來了，我抓不到你的眼神了！你還要寫嗎？還

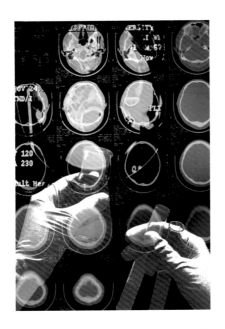

要寫的話眼睛看窗。你還要寫喔？但是我看不出來你要告訴我們什麼了！」採訪當天，陳宏表示要向記者說八個字，但劉學慧花了半個多小時，只猜得出「寶島台灣……」，接下來的四個字卻始終猜不出來。可以想見陳宏十多年來無法靠言語和肢體溝通、全憑眼神傳達思想的痛苦。

劉學慧坦承，即使夫妻兩人對注音板的使用已經相當熟悉，但她到現在仍然常猜不到字，不只寫文章辛苦，日常生活也常會錯意。尤其是當她不在陳宏身邊時，其他照顧者就常常很難理解陳宏想要表達的意思。

「日常生活照顧上，別人常常都會會錯了他的意思。像是有一天晚上，我回家去睡覺，我們請的病房看護也睡著了，當時護士小姐正好來巡房，問陳宏有沒有需要幫忙的，護士小姐就拿起我做的注音板開始拼音。拼第一個字，ㄈㄤㄈ，然後再拼第二個字，ㄆㄧ，拼了兩個音之後，護士小姐因為剛剛開始學拼音溝通，忘記可能還有第三個注音符號，結果她就愣在床邊、不知所措，護士小姐搞不清楚地說：『我又沒做錯什麼事，為什麼陳宏老師罵我放屁呢？』」

劉學慧笑中泛著淚光，無

奈地說：「其實陳宏他原本是
要拼ㄆㄥ平，是『放平』！
因為他躺的是可以調整高低、
上下的電動床，他本身沒辦法
動，一定要別人幫忙。他想躺
平，卻被誤以為在生氣罵人！」

被囚禁在無法動彈的硬殼中

　　台北市立聯合醫院神經內
科主任黃啟訓醫師表示，光是
每天的日常生活必須表達、溝
通，就有很大的困難必須克服。
尤其罹患這種病的病人，頭腦
是非常清醒的！那是最痛苦的
一件事，因為病人就好像被關
在一個僵死的軀殼裡面，動彈
不得。

　　「漸凍症」，讓意識清楚
的病人，被囚禁在無法動彈的
硬殼中，一如陳宏寫作的書名
「身如頑石、心如飛鳥」。這
些因病被禁錮的靈魂，如何才
能擺脫僵硬的軀體？

運動神經元疾病

　　運動神經元疾病，也就是
俗稱的「漸凍症」，究竟是什
麼樣的一種疾病？漸凍症是一
種腦部中樞神經的運動神經元
質退化，病人的表現是全身
肌肉會慢慢萎縮，包括語言功
能、呼吸功能，全部都會日漸
退化，到最後只剩下兩個眼睛
可以動，病人可能要長期躺在
床上，沒辦法動、也沒辦法講
話，是個很痛苦的疾病。

應用腦波操控行動不是夢

期以來，都吸引著各國的科學家競相研究。

翻開新聞檔案，2009 年底由義大利領軍的醫學團隊，就曾宣布成功開發出全球第一款有觸感、而且只靠神經系統就能控制的電子手，在長達一個月的實驗期間，因為車禍失去左手和左前臂的義大利男子佩楚齊耶羅，在手臂植入電極，就能透過儀器，靠神經系統傳遞腦波、指揮一旁的電子手做出各種動作，成功率高達九成五。這項歐盟贊助的電子手研究計畫，經費超過台幣 9600 萬元。

科學家競相投入腦波操控研究

好萊塢賣座電影「阿凡達」裡，失去雙腿、不良於行的男主角，透過特殊機器、利用「腦波」操縱人類所製造出來的「阿凡達」，重新獲得敏捷的行動能力；這個由「腦波」操控的替身，甚至還成為拯救潘朵拉星球的勇士，讓電影有個圓滿結局。現實世界裡，應用腦波、念力來操控物體，也始終是人類的夢想，長

如何控制腦波波形是關鍵

而日本媒體也曾經報導，

日本研究團隊研發出能夠將人腦和機器人直接做連結的儀器，只要操控者心裡湧起某個念頭，比如說「抬起右手」，這特殊轉換器就把從頭皮上探測到的電流波動和腦部血流狀況轉化為實際的指令，下達給機器人。

但這個機器人只能接收到「動左、右手、跑步和吃東西」等四個動作，其他的念頭暫時無法轉換。研究團隊表示，他們遇到最大的困難就是每個人的大腦運作各不相同，因此每次要連接機器人之前，都得先花兩、三個小時讓轉換器先分析操控者的腦波，所以這項科技暫時不太可能運用在現實生活中。

對於應用腦波來操控物體的困難之處，神經內科醫師黃啟訓認為「就專業立場來講，其實人們並沒有辦法去控制腦波的波形。因此，研究人員要怎麼抓到腦波就很辛苦了，即使能夠克服、能夠抓到人類的腦波，其實人類自己是很難去控制腦波的波形，因此很難這樣去控制一個開關，這還有很多需要克服的障礙。」

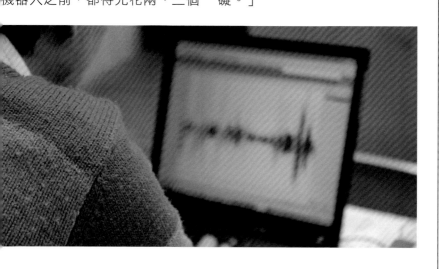

腦波操控器 醫療大演進

徐國鎧教授及其研發的類比濾波電路，可把雜訊盡量壓抑，同時在壓抑雜訊的過程，將腦波做適度放大，放大到可以處理的程度。

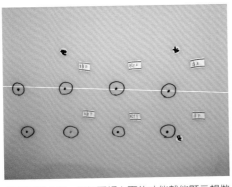

病患只要「看」這個面板上面的功能就能顯示想做的事情。

面板提升生活自理能力

儘管腦波的應用還有許多障礙，但台灣由國立中央大學、陽明大學和榮總的研究人員所組成的團隊，成功地突破腦波研究的困難，共同研發出一套智慧型看護系統。這套系統讓身體動彈不得、但意識清醒的病人，運用腦波，就可以自己控制病床的升降、甚至幫自己按摩，不必再擔心別人會錯意、也提升了生活自理的能力。

這項研究計畫的主持人—中央大學電機工程學系教授、同時也是中央大學研發處副研發長徐國鎧，向躺在病床上做示範的研究生發出指令，「來，想著讓病床放平！接下來讓病床將腿部抬起來。好，現在想著要讓病床前半部

智慧看護系統的操作流程

　　智慧看護研究計畫主持人徐國鎧教授解釋，該系統主要是在一塊面板上，將病床的所有功能都放在面板上顯示。病患只要「看」這個面板上面的功能就能顯示想做的事情。

　　「例如希望病床往上或往下、抑或希望幫忙按摩，只要『看』所需功能選項的區塊，研究人員就會偵測病患的『腦波』，偵測出來後，再經過一套演算法處理，辨識出『腦波』是對應到哪一個功能區塊，再根據設計，讓病床自動去做對應的上升、或是下降，滿足病人的需求，讓他能夠在不需要別人協助的情況下，自己就可以去操控自己的病床。」

升起、讓上身坐起來……」頭上貼著電極片的研究生，熟練地用腦波操控智慧型病床的升降，準確率高達百分百。

　　徐國鎧教授表示，病床上方顯示面板上的每個功能選項區塊都會發出閃光，「這個系統是從面板上功能選項的閃光編碼開始，這裡面是運用晶片控制編碼，這個閃光在經過它不同的編碼以後，病患用他的眼睛去看那對應閃光，就會在他的腦部位置產生相對應的一個腦波反應。」

眼睛視覺是腦波啟動器

　　研究團隊的另一名成員李柏磊副教授，為了與中央大學團隊能在這項研究計畫中更密

電極之間的電位差，來量測視覺的誘發電位；此外，還有一個接地電極，主要目的是為了跟機器共電位。

這套腦波技術，有別於傳統量測 α、β 等腦波的方式，利用多功能的選項面板，以非侵入式的方法，量測「視覺」、然後誘發「腦波」來達到多功能控制的目的。操作這項儀器，只需要簡單地將腦波電極，貼在前額與後腦枕葉區，即可辨識眼睛所注視的功能選項，輕鬆地讓病患表達他們的意念，進而與外界溝通。

切合作，特別從榮總腦功能研究室來到中央大學電機系任教，並擔任中央大學醫學影像與神經工程實驗室的主持人。

李柏磊副教授表示，這套系統關於腦波的偵測，主要是靠貼在人腦部的三個電極片來運作，最主要的電極片，貼在病患後腦杓的「主要視覺區」，另一個電極片，則當作參考電極，利用量測主要電極跟參考

生技小辭典

主要視覺區

主要視覺區是在整個大腦區域後面這一端，只要眼睛有看到，眼睛的訊號就一定會傳到大腦的這個區域來。

盼將智慧型病床產品化

擷取腦波訊號進行溝通

李柏磊副教授擔任中央大學醫學影像與神經工程實驗室主持人。

李柏磊副教授指著電腦上眼球和腦部的各部位功能分析圖來進行解釋「眼睛有一個地方叫視凹，也就是對應到我們中央視野，就是眼睛看一個畫面正中央的地方。在視凹的地方，光感測器會最多，表示我們對中央視野的影像是最敏感的。」

「人類的視覺經過視網膜定位以後，會傳遞到大腦的主要視

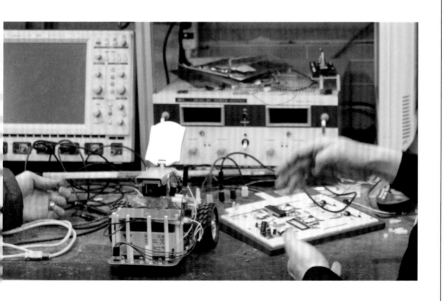

這是一台用「腦波」遙控的未來車，也是研究人員運用視覺腦波整合技術，所開發出來智慧型看護系統的一部分。

覺皮質區，從視覺皮質區我們擷取視覺皮質微弱的電位。由於面板上功能選項的閃光編碼，是一個人為的編碼過程，所以大腦的反應會根據人為的編碼過程，來做相對應的反應。」

「透過貼在頭部外的電極，擷取大腦內視覺皮質區的腦波訊號，辨識特定的腦波型態 (brain signal pattern)，以作為患者與外界裝置溝通的管道；使這些病人可以不需要依靠周邊神經和肌肉，僅利用腦部的訊號，就可以達到與外界溝通、傳達訊息、自主行動，以及自我照顧等目的，這種技術稱為『大腦人機界面 (brain computer interface, BCI)」。李柏磊副教授詳細說明主要原理。

運用念力操控機械世界

徐國鎧教授帶領的研究團隊，利用小小的腦波電極，透過視覺和腦波的整合，實現了人類運用「念力」操控機械世界的夢想，讓人類彷彿擁有了超能力。

研發團隊不諱言，其實研發過程的每個步驟都充滿挑戰。其中最難突破的部分，就是腦波的處理。因為腦波的訊號是非常微弱的，其強度大概只有日常生活雜訊的千分之一而已。因此，研發團隊所量取到的腦波，大部分都是雜訊，如何從一堆雜訊中，把腦波萃取、辨識出來是最困難的！對於徐國鎧教授的有感而

發，李柏磊副教授也附和「因為腦波的訊號實在太微弱了，所以在一般的情況下，很多人會認為這跟外面的雜訊分不清楚，這確實是做腦波研究最艱難的一個部分。」

微弱腦波訊號辨識大突破

腦波訊號微弱，人腦的想像又天馬行空，研發團隊經過不斷的實驗、改良，透過閃光編碼的多功能選項面板，整合「腦波」和「視覺」，終於在腦波辨識的速度和準確度上，獲得重大突破。

「想像運動是非常難想像的，因為每次想像的都不一樣。以正常人來說，很難想像一隻手想要動卻沒有真的動，所以在過程中，若是靠想像來操控機器，準確率就變得非常非常不好。而且我們以前用想像運動來操控，大概需要 7 秒鐘到 8 秒鐘才能送出、執行一個指令。」

李柏磊副教授回憶著研發過程的各種嘗試，一路談到目前的成果，相當自豪地說：「我們現在只要大概 1.5 秒，就可以執行一個指令。所以速度上面跟準確率上面，是大大提升了！我們已經做到每 1.5 秒就可以送出一個指令、判斷一次，而且每 1.5 秒判斷一次，還可以達到 95% 以上的準確率喔！」

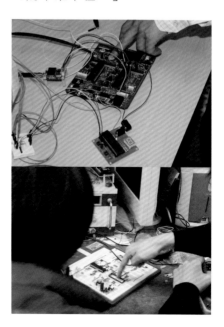

打開神秘黑盒子

在 1、2 秒內，就可以快速辨識出使用者的意念，正確率高達 95% 以上。研發團隊成功整合視覺、腦波和電動病床，技術提升的關鍵，就在智

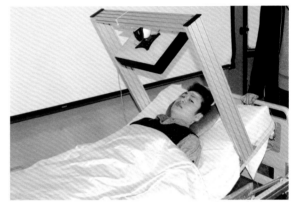

運用腦波，就可以自己控制病床的升降、甚至幫自己按摩。

慧型病床中央一個神祕的黑盒子。

徐國鎧教授拿著黑盒子說「這是一個類比濾波電路，可把雜訊盡量壓抑，同時在壓抑雜訊的過程，將腦波做適度放大，放大到可以處理的程度。再把放大後的腦波，傳送到控制晶片裡面。這控制晶片裡有一套研發團隊設計好的數學演算方法，可以將腦波所對應到的功能演算、辨識出來。」

透過精心設計的數學演算法，分析系統量測到的腦波訊號，再對應到正確的功能選項，然後傳送到病床下的馬達驅動電路，進而控制機器，也就是智慧型病床的各項功能。這套視覺腦波的整合系統，可以裝設在各種電動病床上，設備輕巧、攜帶性高、使用簡單，最重要的是成本低廉，只需要台幣四千五百元左右，相當具有產品化的潛力，可望實際造福病患。

開發腦波技術領先全球

「我們必須承認，在國際

上我們不是第一個做這項腦波研究的，但在技術的領先程度上，我覺得我們是領先世界的！除了學術研究以外，我們一直努力嘗試研究可產品化的設計。我自己有在醫院照顧親友的經驗，所以很希望這項技術能夠實際造福人類。」徐國鎧教授誠懇地訴說著研發團隊的目標。

　　在過去 10 年間，國際上的研究單位雖致力於開發腦波技術，但是在功能上無法突破，大部分只能做到單一開關的動作，使用前須經過相當時間進行訓練；且在速度上無法達到即時的控制。但國立中央大學徐國鎧教授研究團隊所提出的新技術，已經可以迅速、準確地判斷指令，擁有領先全球的即時控制功能。

　　對於這項腦波操控系統的技術優勢，李柏磊副教授補充說明：「國

外其他單位也有在做相關的研究，但是目前我們這套系統算是速度最快的系統，辨識、反應都快；同時這也是看起來眼睛舒適度最好的一套系統。主要是因為我們使用的是在不同選項之間都用同樣的頻率在閃，但是它每個選項之間只是用個相位差來控制。」

視覺腦波控制器也能玩遊戲

　　對於全身癱瘓但意識清楚的病人而言，病床是他們唯一賴以生活的空間，研發團隊跨

就是透過這個黑色小小盒子，腦波可以直接操作身體輔助器材的運作。

領域整合影像處理、生醫工程、機械機構設計、馬達驅動、電力電子、與運動控制等技術，成功地將視覺腦波應用在智慧型多功能病床。病人透過視覺腦波控制器，就可以自行操控病床運動，包括仰背、舉腿、病床整體上升、下降及按摩等功能。

除了用腦波來控制病床，研發團隊也研究出一套應用腦波操控的娛樂系統，李柏磊副教授隨手點出了電腦螢幕上的遊戲程式，請研究生貼上電極片，示範運用腦波來玩夾娃娃的電腦遊戲，「病患看左邊這個光源的話，這個電腦螢幕上的夾子會往左；而看右邊這光源的話，夾子會往右移動；如果看下面這個光源，夾子就會下去夾取所想要夾的物件。」

剛示範完用腦波

玩電腦遊戲，研究室的另一頭，幾名研究生又拿出一台遙控小汽車。這台小汽車和一般玩具遙控車，遠看似乎沒什麼兩樣；但近看它卻有許多特殊裝置。原來這是一台用「腦波」遙控的未來車，也是研究人員運用視覺腦波整合技術，所開發出來智慧型看護系統的一部分。

擺脫身體束縛 享受窗外藍天

貼著電極片的研究生坐到電腦螢幕前，雙眼聚精會神地看著螢幕上閃爍的「前進」、

視覺腦波控制器也能玩遊戲。

研究生示範不動手就能發號施令的神奇成果。

草如茵的校園風光，和操場上活力旺盛的運動員身影。

遙控車上的小型攝影機，就像是使用者的眼睛。透過腦波遙控車代步，長期臥床的病患，終於可以靠念力讓視野自由延伸，讓被禁錮的靈魂得以擺脫身體的束縛，飛到窗外、看到綠草藍天。

「後退」、「左轉」、「右轉」選項，一溜煙，這台才剛被放到地板上的遙控車，就以飛快的速度竄出研究室跑到操場，而一路的景象都被遙控車上裝設的攝影鏡頭，即時傳回研究室的電腦螢幕。

為了測試準確度，研究團隊請我們對著示範研究生發號施令，「我想讓車子左轉，看左邊有幾棵樹。然後我們讓車子直走，看清楚前面那些打羽毛球的人的臉孔。」透過腦波遙控車，我們在電腦螢幕看到了車上小型攝影機所傳回來綠

示範腦波遙控的中央大學電機所博士班研究生謝竣傑表示，幫忙設計這台腦波遙控車對他們而言，最困難的地方是要學習整合各項技術和設備。「整合各個方面的東西是需要很多技巧的，就以所添購的無線換壓器、無線影像模組以及馬達為例，它們都是屬於不同領域的東西，我們必須透過自己的電路設計來整合它，才有辦法達到我們想要的控制功能。」

醫 材 新 革 命

跨領域人才整合是研發重點

電子醫療器材研發團隊指導教授徐國鎧認為，除了「材料」的整合，更大的困難在於跨領域「人才」的整合。

中央大學和陽明大學的教授、榮總的醫師一起合作，在研發過程中，常常會有很大的差異，徐國鎧教授說：「每個東西都有三百六十度，從不同角度看，就會是完全不一樣的東西。在醫學方面有醫學上的需求，而研究電子領域的人，在研究過程中不能一廂情願地去自我想像，非常需要透過兩方面的不斷對話、互相了解之後，才能做出真正符合病患需求的東西。」

徐國鎧教授強調，電子醫療器材研究一定要從醫學的角度思考，因為醫療器材是做給醫界使用的，所以必須是醫師們能夠接受的。「從醫師們的角度和需求去看，再往那些方向研發。經過彼此的對話與暢通的溝通，那麼研發實用的電子醫療器材的門檻就會降低了。」

電子醫療器材技冠全球

眼控電腦量產上市

場景回到台北市立聯合醫院忠孝院區的運動神經元疾病專責照護中心，這裡有不少漸凍病患已經在使用一套由台灣公司自行研發的「眼控電腦」。

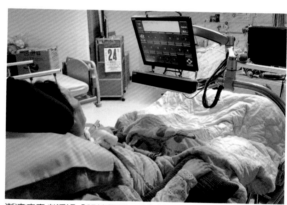
漸凍症患者透過「眼控電腦」作為溝通工具。

「感謝眼控電腦幫我和外界溝通，將心情記錄下來……。」病發前在大學任教的怡文，正躺在病床上用眼球「打字」，然後透過電腦的語音裝置幫她將「打」在螢幕上的字句發出聲音和我們對話。

罹患漸凍症的怡文靠著這台高科技的眼控電腦，終於得以「發出心聲」！這是台灣運用先進的電子科技，投入醫材研發的另一項成功經驗。而且這項研發成果已經順利量產上市。

凝視、眨眼觸發訊號

眼控電腦的研發團隊─田新技公司員工陸家樑表示，使用者可以自由自主地看現在螢幕上面的八個位置，這些位置是透過校正程序，分析使用者的眼球移動所取得的。取得資料後便能開始執行程式上面所有安排好的功能。而這一切都可以由使用者的眼球來操控！

用眼球當成滑鼠、以凝視和眨眼作為觸發訊號；透過影像拍攝、再利用紅外線追蹤的

瞳孔移動辨識技術，電腦會自動計算眼球所注視的位置，進而運用電腦的程式介面，讓全身癱瘓的病人，用眼睛就可以表達和溝通。

兼具多媒體及網路運用功能

「左手腕痛！」、「請拍痰！」、「請翻身！」…… 螢

眼控電腦

眼控電腦系統最主要的就是在電腦螢幕上方有個光學的組件，中間有攝影機、搭配旁邊的燈光。在剛開始使用時，系統必須先認識這位使用者，使用前要先進行校正程序，眼球要先注視校正點，因為每個人眼球移動的範圍和幅度都會不一樣，電腦要先去抓每一位使用者的眼球移動範圍。

幕上事先設計好的各類圖像，讓病患除了自己用眼球「打字」表達思想之外，可以更簡單地操作、直接點選，用圖像溝通、發音。這些貼心的設計，讓即使不會注音輸入的使用者，也可以明確地告訴醫師、護士或照顧者自己的感覺或需求。病患因而獲得更良好的照顧，醫護人員也不再需要猜測病患的訴求和病情，進而得以更精準地對症下藥、縮短療程。

這台台灣製造的眼控電腦，除了幫助臥床病患和外界溝通，還兼具娛樂多媒體和網路運用等功能。只要在病床前裝一台小小的電腦，病患就可以享受電視、電影、遊戲和電子書，還可以連上網路，開啟無遠弗屆的可能。

為弱勢病患創造福音

台北市立聯合醫院神經內科

主任黃啟訓,指著早年從大陸撤退來台的病患,「這位罹患運動神經元病變的病友,躺在床上已經好幾年了,非常辛苦、寂寞。最近,試著讓他使用電腦追瞳器後,他可以用眼球操控電腦上網,就這樣連繫上大陸的親友,親友也常常會透過網路信件來跟他聊天、鼓勵他,而他也因此排遣許多寂寞時光。這都是拜台灣電腦科技之賜!目前台灣這項技術的發展,在全世界算是相當領先的!」

透過影像拍攝、利用紅外線追蹤瞳孔移動的辨識技術,電腦會自動計算眼球注視的位置,進而運用電腦的程式介面,讓全身癱瘓的病人,用眼睛就可以表達和溝通。

不論腦波遙控、或是眼球控制,台灣的高科技電子醫療器材,替全世界的弱勢病患帶來了更多的福音。

台灣公司自行研發的「眼控電腦」,用眼球當成滑鼠、以凝視和眨眼作為觸發訊號的方式來打字。

中央研究院院長翁啟惠就信心滿滿地表示,台灣有很強的電子業、自動化產業,若能結合醫學領域的人才,相信很多醫材,台灣都能發展出來。

未來可以預見,台灣技冠全球!

診斷大革命
病毒、癌症 12 分鐘全都露

Dr.李
EZ TALK

腸病毒和流感病毒,在台灣造成好幾波嚴重疫情。

傳統的病毒檢測是透過光學技術,將病毒細胞染色觀察,必須等待 3 到 7 天後才能得知診斷結果,讓醫界容易錯失治療的黃金時間。

不過,台大醫療科技團隊研發出全球首創的電子抗體工程檢測技術,利用電學原理,只要 12 分鐘就能夠迅速診斷出腸病毒 71 型、流感、肝癌、肺癌、子宮頸癌和敗血症等六種疾病,除了讓醫師及早確診,更能有效防止疾病的傳染和擴散,並可大幅降低檢測費用。

這項創新技術將可能改變未來許多疾病的診斷方式。

除了造福病患,也可望為台灣的電子及生技產業創造新的出路。

檢驗期過長錯失治療黃金期

腸病毒 71 型分布全球

腸病毒感染症是台灣地區的流行疾病之一，每年總會造成好幾波學校停課潮，腸病毒疫情約自 3 月下旬開始上升，5 月底至 6 月中達到高峰，暑假期間緩慢降低，而 9 月分開學後又會再度出現一波流行。

由於腸病毒適合在濕、熱的環境下生存與傳播，所以地處亞熱帶的台灣，其實全年都有感染個案發生。

腸病毒屬於小 RNA 病毒科（Picornaviridae），是一群病毒的總稱。在所有腸病毒中，除了小兒麻痺病毒之外，以腸病毒 71 型（Enterovirus Type 71）最容易引起神經系統的併發症。這種病毒是在 1969 年美國加州的一次流行中首次被分離出來，此後包括澳洲、日本、瑞典、保加利亞、匈牙利、法國、香港、馬來西亞和台灣等地都有流行的報告，可見這一型的腸病毒分布是全球性的。

腸病毒會引發多種疾病，嚴重的時候可能危及生命。

生技小辭典

腸病毒

　　腸病毒主要經由腸胃道或呼吸道傳染，也可能經由接觸病人皮膚水泡的液體而受到感染。在發病前數天，喉嚨部位和糞便就可以發現病毒，這個時候就已經具有傳染力，通常以發病後一周內傳染力最強；而患者可持續經由腸道釋出病毒，時間長達 8 到 12 周之久。

5 歲以下幼童是高危險群

　　腸病毒可以引起多種疾病，其中 5 成到 8 成的感染者不會有任何症狀，有些則出現發燒或類似一般感冒的症狀，但少數病患會出現手足口病、疱疹性咽峽炎、無菌性腦膜炎、病毒性腦炎、肢體麻痺症候群、急性出血性結膜炎、心肌炎等，最嚴重可能危及生命。

　　根據台灣地區歷年監測資料顯示，幼童為感染併發重症及死亡的高危險群體，重症致死率約在 3.8% 至 25.7% 之間。以年齡層分析，患者以 5 歲以下幼童居多，約佔所有重症病例 90%；在死亡病例方面，也是以 5 歲以下幼童最多。而引起腸病毒感染併發重症的型別以腸病毒 71 型為主，因此家有幼童的父母們，對腸病毒 71 型總是聞之色變。

引發多種併發症且傳染力超強

「這個看起來很像蜂窩的，就是腸病毒 71 型！它比較容易造成重症，所謂重症就是小朋友可能會引起腦炎、腦幹炎，甚至進一步可能再引起心肺衰竭，有致命的危險。」台大醫院小兒科醫師張鑾英，指著電腦螢幕上顯微鏡下被放大十萬倍的腸病毒 71 型照片，深鎖著眉頭說：「如果比較嚴重的腸病毒大流行，有時候每年會有幾百個重症病患；最嚴重的時候，甚至有七、八十個小朋友因此死亡！」。

腸病毒重症的可怕，除了有致死的危機，而且它的傳染力超強。

腸病毒有 3 到 5 天的潛伏期，但現行病毒檢驗卻需要一星期以上的時間才能得知結果，這是醫界在治療時最棘手的困擾。張鑾英醫師無奈地表

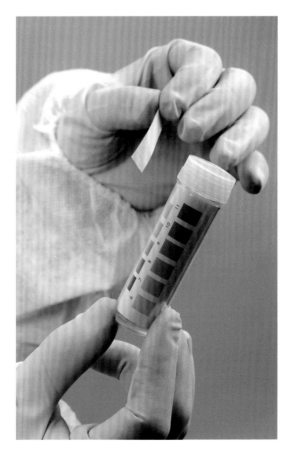

缺乏快速的檢驗方式,讓醫師和家長很難早期發現、提高警覺,無法及早對症下藥,不小心就錯失治療的黃金時期。

流感快篩敏感度過低

除了腸病毒,另一項來勢洶洶的傳染病—流行性感冒,也有著類似的診斷難題。

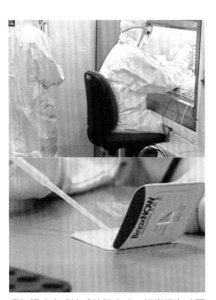

現行腸病毒或流感檢驗方式,經常因為時間過久,錯失了治療的黃金期。

示:「現行腸病毒檢驗是用病毒培養,通常需要1至2周結果才出來。可是腸病毒重症發生時間往往在第3到第5天;等到檢驗結果出來,已經比較晚了!致使我們無法有個好的診斷,可以在真的發生重症時立即得知。由於無法快速檢驗,醫師只能憑感覺、憑經驗去治療。」

台灣每年因為流感重症死亡的「醫院確診病患」，都有上百人；而根據疾管局和美國合作的跨國研究更推估，台灣因流感死亡的「實際人數」，可能多達每年四千五百人，相當於十大死因的第九位，嚴重威脅國人健康。

張鑾英醫師表示，流行性感冒的病毒培養，大概需要3天到1個星期時間，這個時間點也是太慢！如果要給病患抗病毒藥物治療，最好在三天之內就給藥，才能有效縮短療程或是降低引發併發症的機會。

所以對醫界來說，一個可以快速得到結果又比較敏感的診斷方法，是非常需要的！目前對於流行性感冒的篩檢，雖然已經有所謂的「快篩」，可以在30分鐘左右就得知診斷結果，但是快篩的敏感度太低，只有大約三成到七成，很難取代傳統病毒培養的診斷方式。

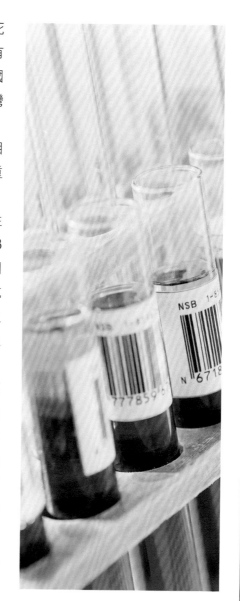

可攜式多功能檢驗儀獨步全球

用 V-SENSOR 檢測，只要採集病患喉液溶解在病毒培養液裡，滴入儀器的注射孔，12 分鐘就可以測出是否有罹患腸病毒或流感。

將病毒、抗體電子工程化

在台灣大學醫學院十多位教授和醫師共同組成的研發團隊多年努力下，最新研發了一台革命性的電子醫療器材；這台即時、多功能、可攜式的診斷儀器，取名 V -SENSOR。

V-SENSOR 診斷儀器的操作非常簡單，病患只要張開嘴，用棉花棒在喉嚨輕輕刮幾下、採集喉液，然後將喉液均勻溶解在病毒培養液裡，再用針筒抽取、滴入儀器的注射孔。透過神奇的檢測晶片，只要短短十二分鐘，受檢者是否罹患腸病毒或流感，答案立即揭曉。

研發團隊的召集人台大光電生醫中心教授林世明，針對團隊成員的示範操作流程進行

解說：「我們最主要的成就是把病毒電子工程化，同時也把抗體電子工程化。電子工程化的抗體，可以抓住血液、尿液、體液、唾液裡面的病毒或是蛋白質，甚至基因都可以抓得住。抓住後，就會產生電的訊號，還有電阻值的改變或是增強，或是電流的改變或增強，大概 12 分鐘，它的動力學就產生了。」

電子感應較光學感應更敏銳

林世明教授拿起一片檢測晶片，有感而發「感測晶片 20 年來在全球的發展，都被光學佔滿了。而光學的缺點，第一是價格非常高；第二，因為裡面有雷射管，所以體積非常龐大，無法變成攜帶式的；第三點，它的製程非常繁複。而我們現在的突破就是把抗體非導體的特性，把它變成電子工程化的抗體。我們結合了抗體工程、基因工程、還有電子工程，才有辦法將感測晶片變成一個電學的檢測。」尺寸約莫兩根手指頭的小小檢測晶片，有著媲美一整間實驗室的強大功能。

台大醫學院院長楊泮池對 V-SENSOR 的研究成果相當讚賞，認為這是一項很重要的觀念突破，「因為原來的舊觀念都是用化學反應來檢測，傳統

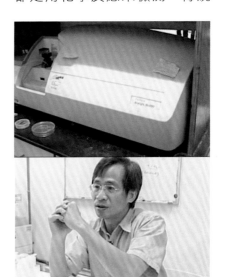

台大光學生醫中心教授林世明表示，V-SENSOR 研究結合了抗體工程、基因工程和電子工程。

V-SENSOR 最大的突破，就是利用蛋白質去偵測病毒或癌細胞的蛋白質，將病毒和抗體都電子工程化。

上，就是將抗原跟抗體結合做診斷，這是大家都在用的，以前都是利用它結合後、讓它呈色，產生不同的顏色，用『光』來偵測。但是『光』跟『電』來比較，『電』比『光』更敏感，現在 V-SENSOR 是用電子反應去看它，電子的敏感度比化學更高好幾個層次，所以它更微量就可以被偵測到。」

偵測病毒蛋白質新突破

研發團隊成員之一的台大婦產科醫師許博欽指出：「這

個技術最大的突破點，在於讓這些蛋白質，可以去偵測這些病毒的蛋白質、或者是癌細胞的蛋白質相結合的抗體，它有一定的導向性、導電性，它立在晶片上之後可以有個方向性，譬如一個人站在平地上，腳在下面、兩隻手在上面，這樣才能夠去結合所要看到的病毒或看到蛋白質的癌細胞指數。」這樣的技術在過去，是大家都很難突破的瓶頸！

將病毒和抗體都電子工程化，是這項發明具有全球領導性的創新技術，正在全球申請二十多項專利。

奈米診斷早期癌症及病毒

林世明教授打開實驗室裡的電腦檔案，指著一張張研發團隊透過 V SENSOR 所看到的畫面「這是腸病毒 71 型，可以看到都是一顆一顆的、很清楚；

奈米科技的精神，就是一顆一顆來算。而兩年前發展的新流感病毒，也是一顆一顆來看它的整個奈米結構、奈米力學、和奈米表面的電學分布。」

「另外，這是我們在 V SENSOR 上面看見的一個子宮人類乳突病毒 HPV，也是一顆一顆的，這是用奈米電學跟奈米量測技術，由奈米醫學跑到奈米診斷，你看這一顆一顆非常清楚，它是高致癌性的 HPV 病毒。這些並不是一般實驗室或是一般技術所能看到的！」林世明教授所呈現的結果說明了整個技術的高資源門檻和高技術門檻、高知識門檻之所在！

幾近百分之百的特異性和靈敏度，V-SENSOR 不只在 12 分鐘內，就可以讓病毒現

形，更厲害的是，還可以在相當早期就精確診斷癌症。

特異抗原疾病可望早期篩出

「以現有的文獻報告來說，台灣病患的子宮頸癌 99% 以上，都是由人類乳突瘤病毒感染所造成的。所以如果我們能

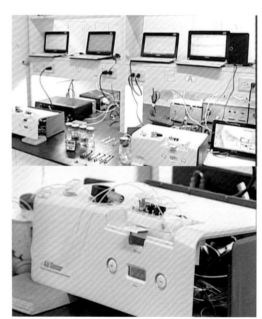

V-SENSOR 的成功說明台灣具備高門檻醫材的研發及製造能力。

夠在很早的時間點，就針對人類乳突瘤病毒做早期偵測的話，那當然病人將來發生子宮頸癌的可能性，就會提早被發現。」許博欽醫師說。

國際間肺癌研究的權威學者─台大醫學院院長楊泮池醫師也表示，「V-SENSOR 最重要的改變就是抗體跟抗原結合以後會產生電流，「當有特異結合的時候，它的電流會比較大一點；假如這個結合不是一個特異結合，也就是說這抗體不是偵測到它的抗原的話，就不會產生這個電流。這個電流可能很小很小，這個很小的電流就足夠可以看到區別，看到是不是有找到它特殊的抗原。」

楊泮池院長接著說，「我們知道肺腺癌有一半的病人有上皮細胞受體突變，這個突變的地方就是一個特異的抗原，用這樣的偵測就會很準。這不只是癌症，也不只是感染症，還有很多臨床上很重要的指標，它都可以做偵測，像是三高（血脂肪、血壓、血糖）的檢測……所以未來如果走入居家，只要一小台就可以取代很多檢驗儀器、具有相當多元的功能。」

肺癌、肝癌，始終高居國人癌症十大死因之首，而人類乳突瘤病毒所導致的子

宮頸癌，則是僅次於乳癌的婦女健康殺手，這三種癌症和腸病毒 71 型、流感病毒、敗血症等六大疾病，V-SENSOR 都已經通過臨床試驗證實可以更精準、快速地診斷出來。而未來，只要有特異抗原的疾病，都可望利用這項技術被篩檢出來。

盼成為居家自主健康偵測設備

林世明教授補充：「大家非常關心的問題，像是它可不可以量產、可不可以走入家庭、可不可以救人一命、可不可以變成攜帶式⋯⋯當 SARS 病毒或流感病毒來襲時，機場可不可以一次擺出五百台？那就要每一台的成本非常低才有可能。這些我們都可以做到。我們可以在 12 分鐘裡面，檢測出是不是得到 SARS 病毒、還是禽流感病毒、流感病毒。在診間裡，來看診的小朋友可以馬上就被診斷是不是罹患腸

病毒 71 型，醫生可以馬上確診，有致命風險就馬上入院開始治療。另外還可以立即確定是不是細菌感染或是病毒感染，是不是需要使用抗生素。」

林世明教授雙手各拿起一片晶圓，要我們數數兩片晶圓上不同的檢測晶片數量，「我們剛開始時從一個四吋半晶圓、只可以生產九片的子宮頸癌病毒檢測晶片，慢慢研發到現在一片晶圓就可以生產十六片的子宮頸癌病毒檢測晶片，成本幾乎是減低了一半！」為了讓這項救命的新發明能夠實際產品化，研發過程中研究團隊不斷嘗試降低成本。

這項研發目前已經技術轉移給企業，逼近一億元的技轉金，創下了台灣生醫史的最高紀錄。預計一年內就可以量產上市，價格可望壓低在五萬元以內，未來希望能夠進入醫院診間、甚至成為民眾居家的自主健康偵測設備。

電子抗體工程檢測突破極限

為了讓 V-SENSOR 可以產品化，研發團隊不斷嘗試降低成本，使用的晶片也一代比一代體積更小。

生技醫療產業大突破

「你看，這是第一代的感測晶片，跟整個流體結合在一起。這是第二代的感測晶片，然後這是第三代的，越來越小，這當中的差別在於整個微機電的製程。」林世明教授指著新舊不同尺寸的感測晶片，顯而易見的，一代比一代體積更小，「這可以單獨使用，也可以放入筆記型電腦或是影像電話裡面來做定點檢測的醫療照護。」

過去大家觀念上認為蛋白質、抗體是不會導電的，而 V-SENSOR 這個技術最大的特色就在於：突破了一個過去光電領域所沒有辦法突破的極限！「就像電子工廠的老闆們，他們只想到可能微機電線路板可以用來做電腦、可以用來做 PDA 或其他的東西，但是他們沒想過，這個東西也可以經由結合蛋白質、結合其他方面的抗體導電性，而用在生技方面的領域。這才是最大的突破！」許博欽醫師也肯定表示「這項研發本身有它的應用性，並不只是一個技術、一個架構而已。」

利用台灣的強項，電子產業、半導體產業，結合基因工程、抗體工程，V-SENSOR 獨步全球的電子抗體工程檢測技術，不僅可望拯救全球無數病患，更將帶動全球醫療產業進入一個全新的世代。

專家建議

結合台灣電子與醫學優勢

台大醫學院楊泮池院長認為台灣醫學界、電子界應齊心努力共創未來。

對於 V-SENSOR 的研發成果，台大醫學院院長楊泮池認為，這個高科技的醫療器材是台灣電子和醫學兩大優勢領域成功結合的典範，「台灣的醫療水準算是相當不錯的，但仔細檢視我們整個醫療環境所使用的醫療器材、診斷工具、還有很多健康的照顧，就會發現我們還有很多東西是可以被改善的。當然，必須要跳脫傳統很多的想法！」

楊泮池院長鼓勵台灣最強的電子業、資訊業相關研究人員、從業人員，應該要進到醫療器材領域看看：「醫學界和電子界這兩邊需要互相對話、互相了解對方在做的東西。若是兩邊可以結合在一起，那就可以在台灣創造出一個新興的產業！我相信台灣的這個產業是無可限量的，絕對是有世界競爭力的！」

現代無線針灸
止痛晶片刷一下

根據醫界研究，人一生當中，發生背痛的機率僅次於感冒，發生率高達 80%。

健保局也統計，台灣每年背痛相關的健保給付金額，超過 30 億新台幣，高居各類疾病第 4 名；因背痛到醫院求診的民眾，一年更高達兩百多萬人。

以台大為首的研究團隊研發出一種微晶片，可望造福全球的背痛病患。

這可植入生物體且不需電池的止痛用半導體微晶片，具長期有效、非破壞性、自我調控、低成本、體積小、神經傷害低等種種優勢。

只要在體內安裝約 10 元大小的止痛晶片，結合感應傳電器，就可無線啟動止痛機制，幫骨刺或神經痛患者遠離疼痛！

慢性疼痛嚴重影響生活品質

下背痛發生率高達 80%

「坐骨神經痛，請撥0800……」電視上頻繁播出的商業廣告、街頭隨處可見的「治疼痛」民俗療法招牌、醫院裡爆滿的疼痛門診求診診量，疼痛問題，對民眾的困擾，由此可見一斑。

根據健保局統計，台灣有多達 1/10 的人，都曾因為背痛難耐而到醫院求診，每年光是健保給付的相關醫療費用就超過 30 億元，而民眾花在坊間各種民俗療法的治療費用，更是難以估算。

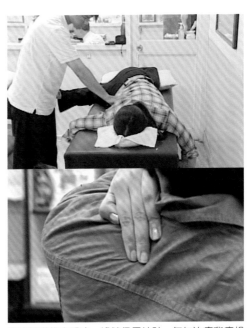

背痛是現代文明病，據健保局統計，每年治療背痛相關疾病的醫療費用就超過 30 億元。

中興醫院疼痛科主任林木鍊醫師表示「背痛問題，是個很嚴重的疾病。因為背痛在生活中發生的頻率很高，僅次於感冒，尤其是下背痛。根據統計，人們一生當中發生下背痛的機率高達 80%，也就是説全世界人口裡面，一百個人當中會有八十個人有過下背痛的經驗！」

神經痛難熬 易長期失眠

林木鍊醫師同時指出一個顛覆一般人刻板觀念的現象—原來背痛不只困擾著老年人，

其實年輕人罹患背痛的比例也越來越高，「年輕人發生下背痛的機率甚至比平均的 80% 更高，這可能跟文明發展很有關係，因為年輕人更常長時間坐在電腦桌前，所以年輕人的背痛發生率有日益上揚的趨勢。」

深受背痛所苦的，不分年齡、也不分種族。

根據美國健康研究院的調查，美國每年花在治療下背痛所支出的醫療費用，就高達一千億美元，僅次於感冒的治療費用。慢性疼痛帶給人類的衝擊，除了影響工作效率、降低生活品質、也耗費醫療費用等社會成本。

「腰椎如果被壓迫到的話，會從腰椎一直痛到大腿、小腿，依你被壓迫到的神經的位置而定，看是壓到第幾節神經，有的人會一路痛到腳板、甚至痛到腳背。」林木鍊主任指著診間裡的人體脊椎模型做解釋，「神經痛在所有的疼痛裡面，是最難熬的、最痛苦的一件事情，幾乎連睡覺都沒有辦法入睡！曾經有個病例是一位中年婦人，她受不了神經痛的折磨、長期失眠，最後就用鐵捲門把自己壓下來、自殺而死，非常令人同情！」

林木鍊主任指著人體脊椎模型解釋，腰椎如果受到壓迫，會一直痛到大腿、小腿，甚至腳背。

植入式止痛晶片舒緩背痛

輕輕刷一下　疼痛就解除

「嗶！」就像使用悠遊卡通過感應閘門一般，輕輕刷一下，未來，生不如死的疼痛困擾，可能可以就這麼簡單、輕鬆地獲得解決。台灣先進的電子醫療科技，可望在不久的將來，實際造福全球的背痛病患。

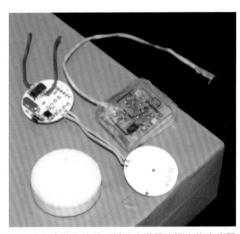

植入式止痛微晶片將可幫助人們解決惱人的疼痛問題。

台大醫學工程學研究所教授林啟萬所領軍的研發團隊，針對止痛的需求開發了沒有電池、無線充電式的植入式止痛微晶片，他表示「這個止痛晶片主要特色是利用脈衝、高頻刺激來達到止痛效果！」

研發團隊的成員之一的台北科技大學電子系助理教授邱弘緯解釋：「透過這台功率發射器，它會負責把電場轉為磁場，就會送進去我們體內植入的一個止痛晶片模組。這樣的作用方式，和我們生活中常使用的悠遊卡原理是一樣的；悠遊卡本身的卡片也沒有電池，電力來源是由悠遊卡的感應閘門裡發射出一個磁場，然後讓卡片吸收。」

邱弘緯助理教授右手拿著一臺功率發射器，左手拿著植入式止痛微晶片模組，示範著兩者間如何提供、接收電源，進而啟動止痛機制，「我們研發的植入式止痛微晶片，就等於是悠遊卡那張卡片，只是把卡片更加縮小化。」

生技最前線

止痛晶片模組

這個由台大為首的研究團隊所研發的止痛晶片模組，主要構造分為三大部分，包括一個吸收能量的線圈，一個負責工作的晶片，另外還有一條負責把特殊波形傳送到脊椎神經的電極線。

林啟萬教授利用豬的脊椎骨，示範止痛晶片模組的使用方式：「未來使用方式，預計以導引針利用一個針頭將電極送到疼痛的部位，導引針配合線穿進去，由醫師決定所要置放的位置，放好之後，再把整個硬針抽出。真正留在疼痛部位的電極只有留下約一個針頭大小的位置；

再利用電極的接觸，傳遞所要給脊椎神經的電刺激訊號。這個針頭釋放能量控制疼痛訊號的部位，大概就只有這麼小的一個空間，真正的本體會是留在遠處、靠近皮下的位置，來做訊號的傳遞。」

林啟萬教授繼續示範「再透過導線的放置，把控制器繞過來放在腹腔皮下的位置，然後經由身體外面的電源啟動。透過給電的方式產生一個電刺激的脈衝，這個脈衝會透過導線，傳遞到疼痛控制點的位置，利用此方式達到用電控制疼痛的目的。」

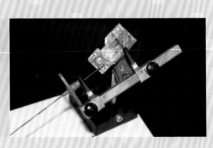

運用電壓阻斷疼痛感

只要將這小小的止痛微晶片，植入人體皮下，當身體疼痛時，再透過手機大小的手持式控制器，從體外接近微晶片的植入處，提供無線電源，晶片就會釋放出電刺激訊號給脊椎神經，進而達到止痛的效果。

止痛晶片會釋放出電刺激訊號給脊椎神經，進而達到阻斷疼痛感的效果。

邱弘緯助理教授解釋：「當外面的電力從功率放大器送進去線圈之後，這個線圈會負責把磁場轉換為電波，晶片收到電波之後會轉換成電壓，電壓就會讓晶片開始產生一個具有治療效果的電刺激的波形，透過這個波形，波形再透過導線，到達脊椎的背神經節，從中就可以把痛的訊號給攔截住，大腦感覺就比較沒有那麼的痛，就可以達到止痛的效果。」

「這樣一個止痛的機制，很可能是因為瞬間的電壓造成組織的一些變化，這樣的變化讓我們能夠阻斷正常痛的傳遞路徑，不會由脊椎再往上傳到腦部來感受到痛的訊號。所以利用這樣的方式，可以有效地阻斷痛覺的訊號傳遞，有機會維持大概三到五天的止痛效果。」林啟萬教授補充說明。

電燒手術風險高、止痛期短

走進中興醫院的開刀房，林木鍊主任剛執行完畢的手術，就是醫界目前治療背痛、三叉神經痛等難纏的頑固性神經疼痛，最常採用的「電燒手術」。

「醫界現在用的最新止痛方法叫做電燒，就是利用電場去刺激神經出來的位置，」林木鍊主任站在手術室外，指著電腦螢幕上的 X 光片解釋著，「我們刺激神經出來的位置，叫神經根，我們剛才用了安全的參數，而這個針的作用，就是在這裡產生一個電場，讓這個神經的根，第四、第五節的坐骨神經痛，電了不痛了，因為我們把傳導破壞掉了。神經要傳導，要傳上去到大腦，才知道痛，可是我在這裡把它切斷了。」

林木鍊醫師停頓了一會兒繼續說「病人如果到復健科求診，通常的處理是貼一個電極片。但是電極片能電到這麼裡面、這麼深嗎？不能！所以我們今天就是利用類似的原理，而且是把它用到它的關鍵地帶，才會更有效！」

除了手術風險，電燒的另一大缺點，就是「止痛期」只能維持三到六個月，病患最多每隔半年就得再跑一趟醫院，重新照 X 光、重複進行手術，讓醫界急於尋找一勞永逸的替代療法，止痛晶片的構想因此產生。

生技最前線

電燒手術

電燒手術，是將特製的長針刺入人體大約 120 秒，直接從身體的發炎處，用電場刺激讓它發炎減輕、疼痛減輕，但凡手術就有風險，「電燒的風險就是萬一針扎錯、扎太深、不小心扎到神經根的話，曾經發生過的案例是，病患就因為這樣而對坐骨神經造成永久性的傷害，這樣的傷害如果病患在六個月內沒有恢復的話，可能他一輩子走路都會很困難、有的甚至導致癱瘓；如果不小心針往洞扎得更深入的話，就會扎到脊髓，那這個病人就癱了！」

奈米化晶片小兵立大功

電子止痛劑比米粒還小

　　正在就讀台大醫工所博士班的林木鍊醫師，也是止痛晶片的研發團隊成員之一，林醫師面帶微笑、自豪地指著手術室裡的大型電燒儀器說：「這麼大的一台機器，我們團隊現在用一塊小晶片就可以取代它了，我們稱呼它叫奈米化。」

　　將一台大大的電燒儀器微小化，研發團隊囊括了醫學、

醫工、和電子等不同專業領域的教授，結合台灣舉世聞名的電子半導體科技和醫療技術，所開發出的這個止痛晶片堪稱獨步全球。晶片本身的尺寸比米粒還小，植入模組後也只有十塊錢硬幣大。

世界最小植入式電刺激器

　　台北科技大學電子系助理教授邱弘緯指出：「整個技術

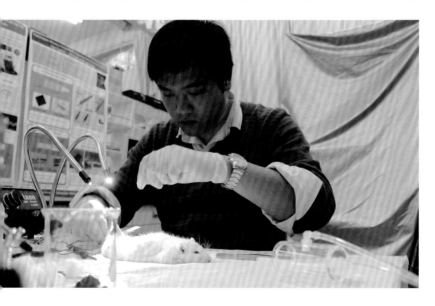

最困難的地方，就是在於體積的縮小，以及生物安全性的部分。由於台灣在 IC 封裝、製造等技術已經很強，所以才能快速地達到縮小化的目標。」

台灣研發的止痛晶片是目前世界上最小的植入式電刺激器，不過研究團隊並沒有以此為滿足，仍持續研究改良，「原來本體的體積，由於線圈佔了很大面積，某些病患可能還是會覺得不夠舒服，所以已經準備開發下一代。我們準備把線圈埋進晶片裡面，讓整個體積可以縮得更小；此外，將電極線跟整個模組連接在一起，可以讓電線不會有脫落的危險。」

邱弘緯助理教授邊說邊拿著研發團隊研究中的新一代止痛晶片，整個模組的體積大約只有五元硬幣尺寸。

一次植入 終身受用

連上網路，邱弘緯助理教授找出了一張張目前已經上市由歐美生產的電刺激器照片，「現在國外的電刺激器主要都含有電池，但是電池除了可能有電解液外露的問題、產生污染，還有其他缺點，像是包含

台灣研發的止痛晶片比 10 塊錢硬幣還小，而現行電燒手術機器（下圖）龐大。

電池後整個刺激器的體積會過大，讓植入的手術傷口比較大；第二，電池的壽命是有限的，所以大概每隔幾年就要動手術、重新更換一次電池。」

「現在我們研發的止痛晶片，準備把電池的部分整個拿掉，換成從體外打電力到裡面去，如此一來，可以讓整個止痛晶片模組體積縮得很小，也不需要再換電池、再重複開刀，不會讓病人反覆受到第二次、第三次開刀的困擾。」邱弘緯助理教授強調，台灣研發的止痛晶片只要植入一次，就可以終身使用。

不同於國外相關技術將電池一併植入人體內，體積大、傷口大，還有換電池的麻煩和漏電過熱的危機，台灣研發的植入式止痛晶片，是透過體外控制器提供電源，免除了電池

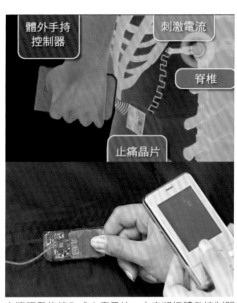

台灣研發的植入式止痛晶片，未來將把體外控制器縮放到手機裡面。

的缺點，更具有讓病患自我調控的功能。

運用手持式裝置調控個人參數

「體外控制器的部分，未來將會把它整個縮到手機裡面，縮到手機裡面有個好處，我們可以藉由手機的介面，去控制所要刺激的參數。因為每個人

所需要治療的參數不一樣,電壓強度不一樣,波長頻率都會不一樣,就可以達到自我調控的好處。」邱弘緯助理教授秀出電腦上體外控制器結合手機的設計圖,「我們是藉由手持式的裝置來做每個人不一樣參

數的調控,有時候需要比較強的訊號、強力止痛,有時候需要比較弱的訊號就可以了。」

體外調控電力開關和強弱,每電一次,止痛的效果就可以維持三到五天。台灣研發團隊的智慧結晶,大幅提高了病患

生技最前線

止痛晶片與傳統療法的差別

針對止痛晶片與傳統療法的作用機轉,林啟萬教授指出有以下差異:

1. 止痛晶片的刺激頻率非常高,跟傳統用低頻刺激所造成的熱燒斷效果,是很不一樣的機制。透過這樣的機制,止痛晶片對神經的傷害將有效降低,而治療效果卻維持得更久。

2. 現行臨床上所使用的,都是用比較低頻電刺激的方式,因此會有一些案例伴隨著不良

反應,包括因為熱所引起的效應。而止痛晶片所使用的刺激參數是往高頻的地方、用脈衝的方式來做刺激。所以,熱的傷害可以降到最低,研發團隊也正在進行分子的實驗、組織切片等實驗,來確認這樣的刺激的確對周遭的神經並不會造成傷害。

3. 治療的效果似乎有延長的跡象,也就是說這對病患來說,是更好的治療方式。

的自主性，也大幅降低了對病患的傷害性。

疾病治療應用範圍延伸

這個止痛晶片，又被稱為「現代無線針灸」，目前已經在小鼠身上實驗成功，將進一步進行人體臨床試驗。除了治療下背痛，未來可望成為各類疼痛的救星、甚至有助於帕金森氏症的治療。

「疼痛基本上是一個神經的傳遞訊號機制，藉由電刺激來控制神經訊號的傳遞來達到減輕疼痛的目的，所以，止痛晶片模組基本上是可以用在其他的疼痛病症上。」林啟萬教授指出，目前國外已經研究用電刺激器來治療癲癇還有高血壓，另外，像是下半身癱瘓的病人、膀胱無法控制排尿，也可以藉由電刺激器來幫助病患排尿以減少腎臟的負荷。

林啟萬教授進一步指出：「未來同樣的技術在這樣的平台下，可能可以應用在其他疼痛或是神經疾病，包括頸椎的疼痛、顏面神經的疼痛、三叉神經的疼痛，甚至是腦部裡面的一些疾病，包括帕金森氏症，都有可能可以利用同樣的電刺激技術，來達到部分治療效果。」

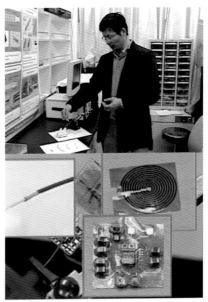

台大醫工所教授林啟萬表示，止痛晶片未來可望解決各類疼痛，甚至有助於帕金森氏症的治療。

超強電子發展技術是最大利基

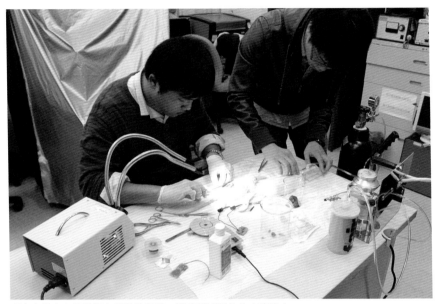

研究人員專心的進行止痛動物實驗，期望找出最佳的止痛良方。

安全高療效高製作成本低廉

相對於國外的止痛電刺激器，幣值換算下來，動輒新台幣五十到一百萬元；台灣研發的止痛晶片更安全、更有效，而且成本更低廉。根據林啟萬教授估計，止痛晶片模組在國內實際製作的成本，預計將可以低於新台幣一萬元。

台灣的止痛晶片之所以可以壓低製造成本，邱弘緯助理教授指出，這是因為晶片是台灣非常強的一項技術，所以止痛晶片只需要利用台灣現有的主流商用製程就可以製造完成，「我們這個晶片是利用台灣主要的一個製程，由台積電負責幫我們製造的，所以可以減少我們自己去重新開發製造製程的成本，

光就晶片本身,成本大概只要一、二十美元,因為這項優勢,我們整體的價格就可以壓得比較低。而且我們只要負責設計的部分,就可以把整個晶片模組設計、製造完成。」

採用台灣標準半導體製程所製造的微晶片,有效降低了製作成本,大幅減輕病患的經濟負擔,如此一來,就可以造福更多的人。擁有世界一流的高科技電子產業,正是台灣投入醫療器材研發最大的利基。

中央研究

院院長翁啟惠就表示,「台灣有很強的電子業、自動化產業,假如跟醫學能夠好好結合,我相信很多很多的醫材都可以發展出來。」

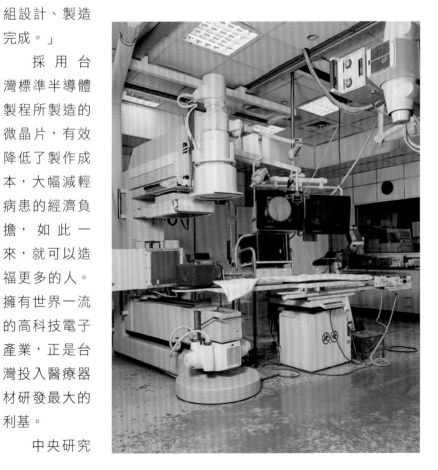

醫療器材研發最具競爭力

財團法人生物技術開發中心董事長李鍾熙也認為，在生物科技跟醫藥整個領域裡面，台灣最有發展機會跟競爭力的，就是醫療器材。「因為它會借重我們已經現有的優勢產業，包括不管是光電方面、半導體方面、精密機械、精密的材料還有結合我們很好的醫療服務人員、醫生等等，這個應該是再怎麼講，都是台灣最有機會在國際發光的領域。只是過去，我們並沒有真的都把力量花在這上面。」李鍾熙指出，相對於原來的資訊電子產業，醫療器材剛開始產量很小，所以，當資訊電子業的本業還有很多機會時，電子業就不太會投資醫療器材領域。

知名的生技創投專家、浩

財團法人生物技術開發中心董事長李鍾熙認為台灣最有發展機會和競爭力的就是醫療器材。

理生技顧問公司總經理李世仁強調，近年來資訊業本業的發展遇到瓶頸，正是轉型投入電子醫療器材產業的最佳時機，「台灣是資訊科技產業很強的國家，幾乎是全球最好的，這幾年資訊業本業的發展遇到了瓶頸，這也激發他們去想想該怎麼運用他們的技術，創造下一個新的市場，正好現階段全球都在進行醫療改革，這個時機點剛好，所以，台灣現在切入醫療器材領域的研發，是有很大的利基。」

人類，或許擺脫不了生老病死。但人類的智慧，卻有可能減輕生老病死的折磨。一小片不起眼的止痛晶片，改寫了神經外科醫師對疼痛的治療方式，也記錄了台灣人的醫學和電子智慧。

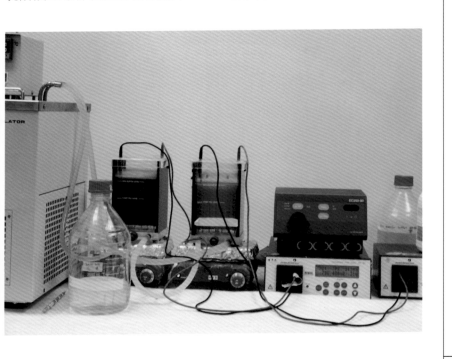

啟
動
生
技
密
碼

專家建議
跨領域整合有賴政府推動

克服跨界人才與技術整合問題

　　對台灣發展電子醫療器材產業，各界充滿期待。不過，跨領域的整合，充滿挑戰，還有賴政府更積極的推動。

　　林啟萬教授表示「以產品為導向的研發，最困難的部分，在於跨領域團隊的整合。在產品的研發過程裡，我們必須面臨從臨床的需求、動物實驗的設計、系統的組裝、電子電路的設計、以及整個動物實驗的驗證等等，這些都牽涉到不同

的實驗室。基本上，沒有一個團隊擁有所有技術的能力！例如止痛晶片的研究計畫，也是有賴國科會的幫忙，才讓我們有機會繼續維持團隊的運作。」要發展電子醫療器材，牽涉跨領域人才的整合，沒有任何一個研究單位能擁有所有的技術。

　　林啟萬教授直言：「台灣有很強的電子半導體業的基礎，所以，醫療器材的設計跟改變、組裝等等，都是我們很強的領域。但是醫療器材在應用上，必須要跟臨床的醫師做密切結

合，才能找到真正的需求。在這樣跨領域的合作過程中，我們如何能夠協同既有的資源與臨床一起搭配，目前恐怕還是滿困難的。」

擴大國際合作強化台灣品牌

所謂醫療器材，並不只有電子工程師就可以，因為很多使用者可能是醫療者，所以醫界的人才跟理工界的人才要結合，但大家的語言不同、興趣不同，如何將這些跨領域的專業知識和人才結合，是很大的挑戰。

生技中心李鍾熙董事長也指出「從先天上來講，電子醫療器材是我們最有優勢的領域之一。政府應該投入更高比例的經費，甚至主動找尋機會跟國際合作。因為台灣所製造的產品，最大的障礙就是通路。所以，政府要盡量擴大國際的合作，才能夠解決品牌與通路的問題，然後才能利用更新的科技，去創造一、兩個成功的案例。」

國內有完整的電子整合技術，醫療水準高，如果有資金和臨床應用的創新整合開發，台灣是很有機會在特定臨床區塊迎頭趕上。

台灣有很強的電子半導體業做後盾，對未來醫療器材的發展非常有利。

人工視網膜晶片
讓世界光亮有色彩

　　眼睛是靈魂之窗，當我們發現對事物的感官視覺產生扭曲變形、模糊不清甚至進入黑暗世界，不僅世界失去色彩連人生都會產生很大的變化，在生醫科技產品快速研發的國際市場，交通大學智慧型仿生系統研究中心開發的「人工電子視網膜晶片」，體積微小僅有半米粒般大小，卻是視障者重見光明的救星，更是台灣進入國際生技市場創造兆元商機的重要契機。

人工視網膜晶片 MIT 卡好

老年性黃斑病變又重見光明了

住在美國東部的 Suzan（化名），年過 60 之後，看東西變得愈來愈吃力，尤其在閱讀的時候，總覺得視覺中央有些模糊，後來甚至出現扭曲的現象。她原以為這是老花的現象，沒想到後來視覺中央逐漸形成盲點，等到她去就醫時，經診斷確定得了老年性黃斑病變，過沒多久就雙眼失明。

所幸在人工視網膜人體實驗的計畫下，她再度看見這個世界，雖然視力遠低於正常，但是，她可以看見汽車移動的光影、地上的階梯、以及人行道的起點。這是由美國加州大學克魯茲分校電機工程系教授劉

文泰領軍，和羅倫斯利物摩實驗室（Lawrence Livermore Laboratory）的科學家，與美國另外 9 所研究大學合作，共同開發的技術。藉由裝在太陽眼鏡上的小攝影機，將拍下的影像轉成脈波，然後再透過線圈感應傳遞訊號，當穿過眼球的線圈成功刺繳神經細胞，病人就可以看見。

半米粒大晶片帶來一線生機

　　然而，這項實驗成果雖然令人振奮，卻因傳輸複雜而平添許多意外因子。如今，台灣已研發出體積更小，結構更簡單，原理更接近人眼的視網膜晶片。

　　交通大學智慧型仿生系統研究中心開發的「人工電子視網膜晶片」，已通過動物實驗，只要衛生署核准後，就可進行臨床。這半粒米大的小巧晶片，將改變視障者的黑暗世界。只要是感光細胞受損，而視神經仍健全的患者，都有重見光明的一線生機。

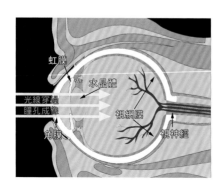

虹膜
水晶體
光線穿過
瞳孔成像
視網膜
角膜
視神經

生技最前線

人工電子視網膜晶片

　　人工電子視網膜晶片有兩大特色：

1. 人工視網膜晶片面積為 2 毫米平方，厚度 150 微米，大約只有半顆米粒大小，是目前世上最小的人工視網膜晶片。

2. 採用太陽能電池，配合矽光電二極體的特性，讓晶片可以同時進行感光與供電的功能，所以，無須在人體內植入任何電源器，即可供應晶片運作所需的電力。這和傳統人工視網膜晶片必須在腦袋裏安裝線圈比較起來，安全得多。

　　參與研究的博士生楊文嘉很驕傲地表示：「我們希望不要用線圈傳輸電力，因為它無法埋到眼睛裏面去，而必須放在太陽穴邊的頭殼裏面，曾經還有人因為線圈不服貼而掉下來。簡單來說，我們的晶片是整個埋在視網膜裏面，不需要額外的連接線。」

結合光學攝影 盲人重見光明

視覺神經不壞死都能看得見

　　由於太陽能視網膜晶片在昏暗的環境下，會因為電池轉換效率不足，無法提供足夠的電流，成功刺激細胞而產生視覺。為了解決這問題，研究團隊提出一個整合眼外光學裝置，

這個裝置有點像太陽眼鏡，包含微型攝影機與處理晶片，用以增強影像的亮度與畫質，增強後的影像就可產生高頻脈衝訊號，有效刺激視網膜組織。

　　在眼球最內層的視網膜，負責感光及視覺初步的訊號處理。當位於最底層的感光細胞接收到光線後，會反應出訊號，然後傳送給最上層的神經節細胞；最後，神經節細胞再把帶有影像資訊的訊號轉換成脈波信號，透過視神經送到大腦的視覺區。

　　黃斑部病變或色素性視網膜炎的病人，因為疾病而導致感光細胞無法反應，不過，他們眼部的其餘細胞功能都正常，所以只要植入元件，來取代視網膜感光細胞的功能，便可以解決視力問題。不過，像是糖尿病這類病

人，通常是整個視覺神經系統壞死，這類病人就無法透過人工視網膜晶片恢復視力。

第三代產品達 1000 畫素

目前全世界共有 38 位病人植入人工視網膜，多為使用第一或第二代模型。第一代的視網膜晶片只包含１６個微型電極（畫素），植入手術時間需要 8 個小時，價格更在 10 萬美元以上。而目前以電波方式傳輸的第二代植入系統，手術時間可大幅縮短為 1 小時，微型電極數增加到 60，也就是畫素提高了許多，目前已經在美國、墨西哥及歐洲等地展開人體實驗，價格約在 3 到 5 萬元之間。

而交大研發的第三代人工矽視網膜晶片，已進行兔子、豬等大型動物實驗，未來量產價格可望降至 1 萬美元以下。參與計畫的台北榮總眼科部醫師

林伯剛表示，這個晶片直接取代人眼視網膜，只需靠一個迷你的光源放大裝置，將自然光線加強後，射入眼球，藉由晶片將訊號傳至腦部，原理與人眼接近，解析度最高可達一千畫素以上，不僅可看清楚人臉，更可以閱讀書本。

光電結合醫療 創兆元商機

生物晶片應用為市場主流

日新月異的生物醫學，讓人們可以利用精密儀器來對抗身體的衰老與健康的侵蝕。2007 年 9 月美國那斯達克更增加一個指數叫 NERV，用以觀測生醫科技相關產業，可見這個將近兩兆美元的全球市場有多麼受到重視。

在所有生醫科技產品中，以生物晶片的發展最快、應用最廣，它能以玻璃、矽片及塑膠等材質為媒介，利用微電子技術的特點，並以基因、蛋白質或細胞組織等對象，做成分析或監測生物反應的醫療產品。包括美國、日本、德國等醫療先進國家，紛紛投入龐大資源研發微電子晶片與生醫科學整合的技術，積極研發能夠取代人體系統的微晶片裝置。

台灣，也正想利用電子元

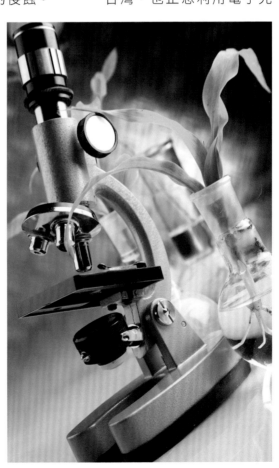

件與電子技術的強項,積極切入國際生技市場。

　　為了因應這股生醫工程的潮流,國立交通大學在 2007 年成立了「智慧型仿生系統研究中心」,並邀請畢業於交大、研發出全球第一個進行人體實驗視網膜晶片的劉文泰擔任首席客座顧問,這個獨步全球,同時也是全台最大的仿生中心,希望能結合生物、醫學、神經科學、微機電與封裝、電子工程、材料科學與資訊科學等,模仿人體功能製作出電子晶片,再將其植入人體。

　　一手催生智慧仿生中心的前交通大學校長吳重雨,現在身兼國科會第二期奈米國家型科技計畫總主持人,他在接受訪問時表示,台灣光電產業已臻成熟,如果能將台灣原有的優勢結合醫療,必能創造年產

値超過一兆元的新商機。

重度癲癇出現防治生機

現在，結合生物、醫學及電子工程的交大仿生中心，不但已成功研發出第三代視網膜矽晶片，對於無藥可救的重度癲癇，也能以電流刺激達到預防的效果。

癲癇是因為腦部不正常放電所導致的，患者在快發病時，腦波會出現異常變化。仿生中心利用這個特點，發明了偵測器，連同晶片一起植入患者的大腦內，一旦偵測到不正常的腦波變化，醫療電子平台就會接受到訊號，並產生脈波刺激，阻止癲癇的發作。

根據動物實驗結果顯示，電流的反應時間極短，在 0.6 秒內就可以成功偵測並抑制，成功率更達 92％以上，相較於目前世界其他研究團隊平均 8 秒的反應時間，有著很大的商品化潛力。

聰明晶片主動偵測

隨著醫療的發達與科技的進步，原本只存在於科幻小說中的人體植入晶片，已經被應用在現實生活中，其中最為廣泛應用的，除了全球已經有十幾萬人植入的人工電子耳之外，就是常被應用於治療巴金森氏症等運動障礙疾病的深部腦刺激晶片。

不過，現在國際間用以治療帕金森氏症的智慧仿生晶片，無法主動偵測病人的生理訊號，它是一個死板的裝置，不是一直刺激腦部神經，就是完全關閉不予刺激。現在，交大仿生裝置中心研發出一種更聰明的晶片，它知道什麼時候停止，什麼時候主動出擊，讓病人得到更好的照顧。

創造新一波「MIT」兆元產業

智慧型仿生裝置研究中心

　　包括人工視網膜晶片及癲癇控制晶片，都因為是埋覆在頭部，所以必須封裝，不讓體液滲進去，然後還要靠電線或無線傳輸、光學技術、同時還得考慮生物相容性，這使得交大智慧仿生平台，成了台灣未來發展生物科技的模範。

　　台灣電子產業已逐漸面臨挑戰，前ＰＣ時代的知識門檻較低，已不符合「後ＰＣ時代」的現代潮流。所以吳重雨當初在規劃國家智慧電子實驗計畫時也在想，「不能老是做電腦、消費性電子，或傳統代工等工廠黑手的角色，我們必須要能自己設計新的系統，對電子產業才有提升。」幾經思量，他認為醫療電子能在台灣原有的基礎上發展，比較容易成功。

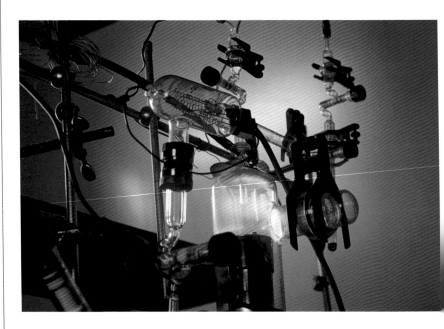

整合台灣醫電人才優勢

　　說起台灣整個醫療器材的發展環境，吳重雨說，現在比過去好了很多。一來我們有國家型計劃當火車頭，立法院也通過「生技新藥產業發展條例」，凡是這種侵入式醫材都屬於高階醫材，可以免稅，這些都能鼓勵業界投入研發。

　　21世紀是生技產業的天下，擁有頂尖醫學與電子人才的台灣，只要能把握機會，做好整合工作，將順利創造新一波"MIT"的兆元產業。

吳重雨教授認為政府的高階醫材免稅政策，將鼓勵更多業者投入醫療器材的研發領域。

生技最前線

交大智慧仿生裝置研究中心

　　交大的智慧型仿生裝置研究中心，是目前台灣最大的產學研生物晶片平台，也是一個強大的跨界整合平台，研發團隊有台大、台北榮總、奇美醫院、成大、北醫、陽明、中國醫藥大學、工研院、台積電及聯電等產研學單位，目前初步先以人工視網膜與癲癇控制晶片為主，再逐漸擴大到帕金森、憂鬱症等病患，未來更將朝神經科學領域前進，想讓脊椎受傷癱瘓的人站起來。

亞太創新生醫發展重鎮
一新竹生物醫學園區

Dr.李
EZ TALK

2011 年對全球經濟來說是個嚴峻的寒冬
但是在生技產業上依然火紅,正因大環境已臻成
熟,包括廣達、鴻海及台達電等電子大廠相繼跨
足醫療,整個產業正在醞釀一股改變的勢力。

從政府、學界、企業到個人,都明顯感受
到電子醫療產業這重要趨勢。

在這大趨勢下,新竹生醫園區成為整合電
子產業與生物醫學的重要平台。它臨近清大、交
大、工研院、國家衛生研究院等學研機構,又是
科學園區技術的重要奧援,形成產業聚落的優越
條件。

這僅有 38 公頃小而美的園區,將扮演台灣
醫藥研發大腦的角色。

電子業跨足醫療生技新藍海

生醫園區整合了電子產業與生物醫學界。（行政院國家科學委員會科學工業園區管理局提供）

生醫園區歷經 8 年終於誕生

「今天再度傳出知名電子廠商放無薪假的消息…」2011 年底，時序漸近隆冬的台灣，同時面臨產業空頭消息的打擊，這一波雖然不及 2008 年金融海嘯來得嚴重，但受到歐洲債信危機的影響，台灣電子代工大廠紛紛被迫採取裁員或無薪假，以求在景氣寒冬中生存下來。

然而，卻也是這樣的機緣，歷經 8 年、5 任行政院長的新竹生醫園區突然有了極大動能，在幾個月時間裡急遽爆發。

先是生醫園區生技大樓在 2011 年 5 月剪綵啟用，確定有 14 家廠商進駐；緊接在 6 月端午前夕，行政院拍板核准首支生技創投，由張有德領軍的 TMF（Taiwan MedTech Fund），將募資 50 億新台幣挹注台灣生技；半年後，超級生技整合育成中心 SI^{2}C（Super Integration and Incubation Center）成立，將以實際行動，讓台灣品牌進軍全球生技市場。

電子醫療產業進軍全球的平台

大環境已臻成熟，包括廣達、鴻海、奇美電、大同及台達電等電子大廠相繼跨足醫療，整個產業正在醞釀一股改變的勢力。站在第一線的生醫園區研究發展組組長段思恆，深切體認到這段期間的變化，他說「我們過去舉辦不少『電子產業跨足醫療器材』的研討會，來參加的都只有十幾二十個人而己，近期，每場研討會都來一、兩百人。」

從政府、學界、企業到個人，都明顯感受到電子醫療產業的重要趨勢。

在這個大趨勢下，新竹生醫園區成了整合電子產業與生物醫學的重要平台。它臨近清大、交大、工研院、國家衛生研究院等學研機構，又有科學園區技術的重要奧援，這種異業結盟，形成產業聚落的優渥條件。

新竹生醫園區美麗的園景。（行政院國家科學委員會科學工業園區管理局提供）

新竹生醫園區將成研發重鎮

新竹生醫園區裡的生醫大樓。（行政院國家科學委員會科學工業園區管理局提供）

研發創新具國際競爭性品牌

位於新竹縣竹北市的生醫園區，從 2003 年開始籌建，雖然整個園區只有 38 公頃，跟 605 公頃的科學園區比起來，幾乎佔不到 1/16，但這個小而美的園區，將扮演台灣醫藥研發大腦的角色。

過去，台灣醫療產品大多以進入門檻較低的醫療器材為主，面對中國大陸、韓國及以色列等國的競爭，唯有開發高附加價值的產品，才能增加台灣的競爭優勢。因此，生醫園區打從一開始，就定調為以創新研發為主軸，提供產學合作、測驗及驗證的平台，由於土地面積有限，以具有國際競爭性的自有品牌優先。

建立台灣高階醫材品牌形象

目前已核准進駐的 14 家生醫廠商，主要為科技創新，或生產第二及第三類高階植入式醫療

器材廠商：包括開發質子治療機的錫安生技、人工水晶體的應用奈米科技、負壓睡眠呼吸中止治療裝置的萊鎂、幹細胞基因研究的國璽，及開發抗癌蛋白質藥物的瑞華新藥等等。

由於中國大陸製的醫療產品更具成本競爭優勢，因此，園區主要引進高附加價值的醫療產品，以建立台灣高階醫材的品牌形象。

科學園區管理局局長兼生醫園區計劃辦公室主任顏宗明指出，醫療器材產業涵蓋了機械、材料、電子、生物、光電等專業技術，容易與國內資訊電子（ICT）產業做優勢接軌，因此成為台灣繼電子業後，最適合發展的產業。

這些高階醫材的涵蓋面很廣，包括超音波、X光機及核磁共振儀等等，其中又以錫安生技進行開發的質子治療機，最受醫界人士的注目。

研發尖端癌症質子治療

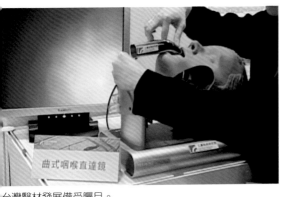
台灣醫材發展備受矚目。

癌症質子治療術後存活率高

2011 年 5 月率先進駐生醫園區的錫安生技，是台灣第一家研發癌症質子治療器的新創公司。質子治療機是一項投資很大、報酬率很高的技術，全世界沒有幾個國家能開發或組裝。

質子光束和 X 光一樣，同屬於放射線治療，可以應用於癌症中、末期的病人。然而，傳統的放射線光子治療（X 光），在接觸人體後會逐漸衰竭，等到它殺到癌細胞時，通常只剩下 30% 或 40% 的能量，不但狙擊癌細胞的能力有限，腫瘤後面的正常細胞也會受到波及。

質子治療則有點像顆導彈，接觸病人體表時只散發 20%~30% 的能量，等到達腫瘤深度時才釋放出全部的能量，然後就停在這個點。這種被稱為布拉格峰（Bragg Peak）的放射物理特性，可以讓腫瘤後面的正常組織完全不受到傷害。

不只如此，X 光束只能破壞癌細胞的 DNA，這些被破壞的 DNA 很可能在幾年後自行修復，因而有了復發的風險。但質子光束是讓腫瘤細胞的 DNA 斷裂，一旦斷裂，要修補起來就不容易。這也是為什麼使用質子治療的患者，在術後的存活率可以高達 9 成。

全球僅有 27 座質子治療中心

　　然而，質子治療的建置費用平均為 80 到 100 億元，這幾乎是一般光子治療的 25 倍，再加上每年 3 億元的維修費，令人咋舌的數目，使得目前全球只有 27 座質子治療中心，整個亞洲更只有日本及南韓有，像中國、香港及新加坡等，都因為成本太高而打退堂鼓。

　　就在這樣的背景下，台灣錫安生技誕生了，它與國家同步輻射中心合作，將結合強大的技術中心，與美國的質子治療臨床經驗，自行研發新一代的加速器，希望台灣在 2014 年，能擁有第一台自行研發的質子治療系統。

 生技小辭典

質子治療

　　質子治療主要用於治療局部腫瘤，是放射治療中非常先進的技術，主要是由於加速的質子射線有一布拉格峰（Bragg Peak），能量大，穿透力強。布拉格峰是放射線劑量最集中的深度，其治療時途經的正常組織損傷小，但到達所欲治療的腫瘤深度時，會產生布拉格峰，並釋出最大能量（100%劑量）殺死癌細胞。

　　質子治療目前被證明適用於深部且有重要組織器官包繞的小病灶的低惡性度腫瘤。如眼睛的黑色素瘤、顱底的軟骨瘤、及靠近脊髓手術無法切除的腫瘤、顱底腫瘤等低惡性度腫瘤治療效果明顯，而更重要的，質子治療必須精確地找到癌細胞的所在位置，所以質子治療需要與診斷影像部門密切合作並對腫瘤進行深刻了解，才能達到預期效果。

寄望帶動高階醫材發展

掌握技術核心 培養研發團隊

2011年1月，林口長庚醫院質子暨放射治療中心動工，這個號稱將成為亞洲最大且最先進的放射治療中心，一開工就耗資30多億元。而除了長庚，包括台大、榮總、成大及義守大學等等，也都準備要購置質子治療器，不過，昂貴的設備不是買了就算，未來的操作及維修才是最重要的關鍵。

唯有掌握技術核心與培養自己的研發團隊，才能不受制於他人，錫安生技的成立，讓台灣質子治療癌症醫療，有了與世界接軌的機會。

「錫安」執行長陳進安說，「台灣有很好的ICT產

業，只是缺乏質子治療的臨床經驗。」因此，本身在美國有二十幾年臨床經驗的陳進安，以馬薩諸塞州總醫院（Mass. General Hospitcal）和哈佛醫學院(Harvard Medical School)的質子癌症中心為藍本，想在台灣開發國際化的質子治療設備。

用藥精準 提升療效

很多人都不知道，台灣雖然還沒有真正的質子治療中心，

但世界上最早的質子加速器，可是台灣人發明的。

目前全球 27 個質子治療中心使用

的迴旋加速器（Cyclotron），是鄧昌寧院士在 1990 年發明的，但這個昂貴又笨重的儀器，只能以 230MeV 的固定能量，進行散射式的質子束照射，容易有輻射污染，所以在治療時，必須依每個病人製作特別的銅片阻隔板。

同樣來自台灣的李世元博士，在 2000 年改良成同步加速器（Synchrotron）後，質子能量便可以依照腫瘤的大小及深度隨時調整。加上最近發展出來的高技術掃瞄器，可依腫瘤的幾何樣貌，切成 50 或 100 份，一層層地掃瞄，能夠更準確地算出劑量分布。正因為劑量可以精準而均勻地擊中腫瘤細胞，使得癌症的徹底治療容易得多，過去 8 個禮拜的療程，將縮短到只需要 1 星期，成本也將從目前一個療程 8 到 10 萬美元，大幅縮減為 1/3。

這項放射治療領域的新技術，成為人類打擊腫瘤的一大利器，更重要的是，它結合了台灣現有的優勢，為台灣高階醫材的發展，找到新的方向。

世紀主流明星產業

結合 ICT 產業發展生技產業

　　根據統計，生技醫療的市值和資本比大約在 5 到 12 倍，這種龐大的經濟效益，使得生物科技一直被世界公認為 21 世紀最耀眼、具發展潛力的主流明星產業。

　　台灣繼新竹科學園區成為高科技半導體、光電產業重鎮之後，也設立了「新竹生物醫學園區」，希望能結合 ICT 產業優勢，發展「新藥研發」及

「高階醫療器材」，以縮短台灣與先進國家在生物醫學科技發展上的差距。

　　由政府主導的新竹生醫園區，預計將引進 50 家廠商，提供 5 萬個就業人口，直接投資金額高達新台幣 400 億元。選擇進駐生醫園區的廠商，就是看中園區可成為生醫產業化與臨床試驗平台的優勢，例如「錫安」選擇在生醫園區開發、組裝質子治療機，也是因為 200 個

生醫園區裡進駐廠商的廠區。（行政院國家科學委員會科學工業園區管理局提供）

病床的生醫園區醫院就在附近，可提供臨床試驗及轉譯醫學平台。「生醫園區是指標性的。我們要做人家沒有的，才有獨特性，為了治病，花再多錢也願意千里而來。」這是進駐廠商心裡話。

把握與國際接軌的黃金期

台灣經濟繼資訊、電子產業蓬勃發展後，目前正處於轉捩點。剛接下超級生技整合育成中心主任的蘇懷仁，曾語重心長地說，面對崛起的中國大陸，台灣只剩 3 到 5 年黃金期，如何盡快讓台灣生技與國際接軌，成了他上台後的重要任務。

延宕已久的新竹生醫園區終於鳴槍開跑了，結合產官學界累積的能量，及時奮力一搏，台灣的生技產業其實還有著不小的機會。

新竹生醫園區

新竹生醫園區包括三大中心：生技與產品研發中心、產業與育成中心及生醫園區醫院。這三大中心將透過上、中、下游的整合，將商品發展所面臨的環節，包括研發、試製、臨床試驗、專利移轉及廠商育成等等，整合於園區之中，提供業者一站式（one-stop shop）支援及法規驗證服務，以加速研發成果產業化。

簡言之，就是先將研發成果商品化，然後將這些新藥或醫材，在園區醫院進行臨床試驗。整個園區扮演的就是生醫產業化與臨床試驗的重要角色。

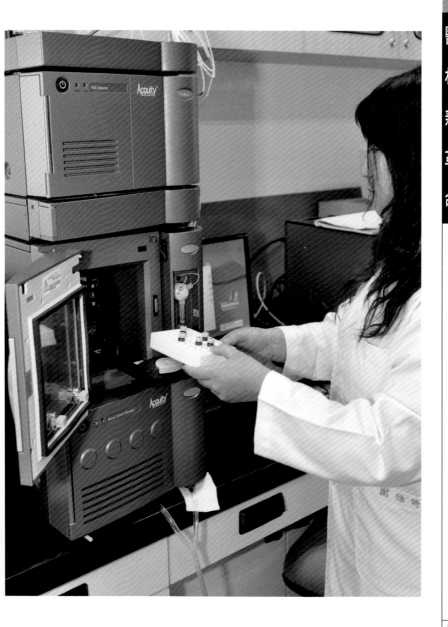

PART 3
農業新時代

近年氣候出現劇烈變化，
靠天吃飯的農漁業面臨嚴峻考驗，
加上人類對於飲食健康日益重視，
如何讓農漁作不受氣候影響健康存活、
減少使用或不用農藥即可蓬勃成長？
以農業技術稱霸全球的台灣積極研發，
蒼蠅頭酵素檢測法 2 分鐘便可檢測 96 項農產農藥殘留，
為消費者飲食安全嚴格把關；
利用自然生態平衡，
開發出的零換水生態循環養殖技術，
更成功量產高經濟石斑魚，獲得亞洲國家青睞；
台灣農試所將抗逆境因子，納入育種考慮目標，
建立台農 67 號水稻突變庫栽種有成。
而運用 LED 燈波長栽種蔬果建置植物工廠，
量產健康有機蔬菜，
都已有顯著研究成果，
為人類可能面臨的農糧威脅，找到可能的解答。

「蠅」得健康
神奇蒼蠅驗農藥殘留

隨著氣候變遷、以及人們對健康的日益重視，糧食短缺、食品安全，無疑是當今全球關注的兩大議題。

而食品安全、農藥，恐怕是消費者最關心的一環，怎麼樣確保農產品沒有農藥殘留？

台灣農委會的研究團隊，將蒼蠅結合生物技術，研發出快速檢測農藥殘毒的方法；促進安全農業的發展，不僅保障了消費者的「食的安全」，也成為台灣農產品進軍國際的優勢。

究竟，蒼蠅如何成為檢測利器？我們來到台中的農業試驗所，一起來認識這另類的「台灣之光」。

蒼蠅頭酵素讓劇毒無所遁形

蒼蠅冷凍後成為檢測酵素

蒼蠅，因為會污染食物，傳播疾病，總是讓人除之而後快。

但意想不到的是，透過台灣先進的農業生技，這向來被人類視為危害食品安全的討厭昆蟲，搖身一變，竟成為替人類維護食品安全的防衛武器。

在台中農委會的農業試驗所裡，有一間專業的飼養室，三、五坪左右的小小空間裡住宿的嬌客，竟然是數量多達 20 萬隻的蒼蠅。

為了保護裡面特殊品系的家蠅，飼養室還特別設計了兩道門，目前在農試所裡負責主持家蠅實驗室的研究員高靜華解釋著飼養室內的設計：「這

兩道門是為了避免外面的家蠅跑進來，不要讓其他蒼蠅和我們的敏感品系家蠅混雜在一起。因為品系特別，和一般蒼蠅不同，牠們是半個世紀以前從英國過來的敏感品系！這些家蠅從來沒有接觸過農藥，所以完全沒有抗藥性！」

高靜華研究員順手拿起飼養室裡層架上眾多小鐵筐的其中一個，繼續說道：「這是我們飼養成蟲的容器，每個禮拜在這個房間就會養出 20 萬隻的

養蒼蠅測毒是台灣傲人的技術與智慧。

家蠅。一小筐裡面大概就有 2 千隻。我們餵牠們喝牛奶，在牠活力最好的時候，也就是大概羽化後 72 個小時，我們就會把牠急速冷凍，成為以後做酵素的材料。」

蒼蠅是對農藥最敏感的昆蟲

細心照料、嚴格品管，因為這群英國家蠅，可是農試所的專家們為了解決農藥殘留的檢驗問題，所精挑細選出來的昆蟲品系。

「蒼蠅是昆蟲學裡最有名的一個實驗昆蟲，對農藥最為敏感，而且這些蒼蠅在實驗室裡，世世代代總共被飼養了四十多年，從來都沒有接觸過農藥，完全沒有抗藥性，所以牠們對

無污染的英國蒼蠅貴族

來自英國、血統純正的蒼蠅貴族，數十年來都在封閉式的實驗室繁殖，從來沒有被污染。農試所研究員高靜華表示，飼養家蠅，溫度、濕度及很多因素都要詳細考慮。一定要有良好的環境、正確的食物，家蠅才會產卵。

溫度、濕度如果控制不好，家蠅也可能不太產卵。所以，不同的季節，必須有不同的應注意事項和處理方式，例如濕度太高，家蠅就可能會有一些蟲病的問題。實驗室的品管嚴格到甚至每星期需幫小小的家蠅量體重。「在實驗室裡，我們對家蠅的品質都管理得非常嚴格，像是家蠅的大小，會每個禮拜量家蠅的體重。看看是否有太大隻或太小隻的問題，如果太小就比較不強健，我們就必須特別注意。」

農藥，一類是有機磷，如眾所周知的巴拉松、馬拉松、還有毒絲本……都是有機磷。另外一種劇毒就是氨基甲酸鹽，大家常聽到的好年冬、萬靈……等這些惡名昭彰的藥，只要一個酵素就可以全部將它們檢驗出來！為什麼呢？因為這些惡名昭彰的藥，都作用在神經酵素上。農藥的毒性，就是最明確的檢測特性。」鄭允解釋。

家蠅品質影響活性酵素

台灣常見的劇毒農藥，普遍含有兩大類神經毒性藥劑—有機磷劑和氨基甲酸鹽，會與神經中樞內負責傳導訊息的酵素—「乙醯膽鹼酯脢」結合而造成中毒。

研究人員發現，可以利用這種特性，作為發展快速檢驗的技術依據，只要找尋到可大量供應「乙醯膽鹼酯脢」的生物體，就能快速檢測出蔬果上

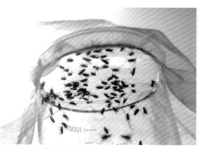
無污染的英國蒼蠅貴族。

進行管柱層析將酵素純化。

農藥超級敏感！而我們從這樣的蒼蠅上所分離出來的酵素，在試管裡，可以測到牠的敏感度，幾乎是 10 的負 9 次方！敏感度非常高！」農試所的退休研究員、現任農試所顧問的鄭允博士相當自豪地說著，因為這套蒼蠅頭酵素農藥殘毒檢測法，就是他多年研究的成果。

「我們針對兩類最劇毒的

生技最前線

「乙醯膽鹼酯酶」的萃取

一般而言，家蠅大約羽化後三天內，是家蠅成蟲活力最佳的狀態，農試所的研究人員會把握這段時間，趕緊將牠們用乾冰瞬間冷凍。取出一袋袋冰凍後的家蠅，倒出、攪拌約莫 5 分鐘，大部分冷凍家蠅的頭部和身體會自動分離。再放入搖篩機徹底翻滾，家蠅被凍到僵硬的頭部、身體、和腳就會完全分開，研究人員就可輕易地大量取得家蠅的頭部。

冷凍分離出的蒼蠅頭，就像一粒粒的黑芝麻。農試所每星期所飼養的 20 萬隻蒼蠅，大約可以取下 500 公克的蒼蠅頭，作為製造農藥殘毒檢測試劑的原料。

之後，研究人員將取得的蒼蠅頭打碎、透析、離心，再進行管柱層析，將酵素純化。酵素純化後，再經過 8 小時的冷凍乾燥，「乙醯膽鹼酯酶」的酵素就大功告成。

農藥殘留的「總毒量」是否過高。而蒼蠅的腦神經裏，就含有大量的這種神經酵素—「乙醯膽鹼酯酶」。

農試所的家蠅實驗室每天都必須遵循嚴格的標準工作流程，目的就是為了要確保家蠅的品質，因為這會直接影響到酵素的活性。

1g 酵素檢測 15000 件產品

一罐罐米黃色的蒼蠅頭酵素粉末，價值不容小覷，區區一公克，賣價就高達四萬元新台幣。而只要 1 公克酵素，就可以檢測多達一萬五千件的農產品。

「我們把蒼蠅頭部拿下來，

1公克酵素，就可以檢測多達一萬五千件的
農產品。

費洛蒙誘蟲器利用氣味和顏色吸引害蟲自投
羅網。

因為蒼蠅頭部沒什麼其他東西，多半都是腦跟牠的眼睛，頭腦裡面就是神經系統，神經系統的酵素最多，所以我們就把蒼蠅頭拿下來，再分離酵素的成分，蒼蠅頭分離出來的酵素比較多而且純度好、沒有雜質。然後我們把這個酵素純化以後，製成乾粉，要利用的時候再加水，在試管裡它就活過來了！一旦遇到農藥它就會起作用、酵素會死掉，我們從酵素的死活，就知道有沒有某些農藥存在。」鄭允博士耐心地解釋著他研究出來的蒼蠅頭酵素農藥檢測法。

試劑顏色深淺反應農藥毒性

冷凍分離出的蒼蠅頭，就像一粒粒的黑芝麻。

將甜椒細心地切下一小塊，作為檢體，放入已經裝著蒼蠅頭酵素試劑的試管中，輕輕攪拌、靜置，等待反應，農試所的研究助理曾佳琳利用一大早附近農民送來檢驗的一批蔬果，當場示範如何用蒼蠅頭酵素來檢測蔬果殘毒，「當反應顏色很淺的時候，就代表酵素已經死掉了，所以不會有呈色的效果。我們就可以知道，試管裡的顏色太淺，就代表剛剛檢測的蔬果上面殘留的農藥太毒，所以酵素都死光了！」曾佳琳看著手上拿著的試管，一邊說著一邊搖晃著試管內幾乎呈現透明色的液體。

從試劑呈色的深淺，檢測人員就可以看出蒼蠅頭酵素的活性，並據此判斷蔬果上殘留農藥的總毒性。為了讓檢測結果能更客觀地量化，農試所還發展出一套驗毒系統，用機器判讀來取代人為觀察所可能產生的主觀誤差。

1分鐘就知農藥殘留多少

研究助理曾佳琳將手上盛裝著混合了剛切下的甜椒檢體和蒼蠅頭酵素試劑的試管放入檢驗儀器，儀器上的計時器從零開始自動計時，短短六十秒，

當試管檢測劑顏色變很淺的時候，表示受檢測蔬果殘留的農藥太毒，所以酵素死掉了，無法呈色。

「嗶！」一聲，機器判讀的結果立即顯示，只見液晶螢幕上出現了一條幾近水平的曲線，「這條線平平的，就代表酵素已經被農藥全部殺死了、酵素的活性全部被農藥抑制掉了，所以我們就可以發現剛剛所化驗的這個甜椒樣品，它的農藥殘留量非常地高！重點就是這顆甜椒很毒，非常地毒！」

研究人員將取得的蒼蠅頭打碎。

　　短短一分鐘，就可以驗出蔬果上農藥殘留的總毒量，是否會危害人體。比起傳統的化學分析法，驗毒速度快上了兩三天。而且蒼蠅頭酵素試劑，連同檢驗儀器的成本一起計算，平均下來每一次的農藥檢測費用只要新台幣八塊錢。和傳統上蔬果農藥的檢驗必須利用質譜儀、光譜儀等高階化學儀器相比，這套以毒理學為基礎的蒼蠅酵素生物檢驗法，最大的優點就是便宜而且快速！

蒼蠅頭酵素粉末一公克賣價就高達新台幣四萬元。

為消費者食的安全嚴格掃毒

1 次檢驗可獲 96 項農產檢測

對於蒼蠅頭酵素檢驗的優點，鄭允博士表示，這套檢驗法就是為了符合消費者的需求所設計，「消費者的要求非常簡單，就是：讓我吃得安心就好！消費者並不需要知道蔬果上面殘留的農藥是『好年冬』多少 ppm、或者『巴拉松』多少 ppm，這對消費者沒有太大意義。消費者真正需要的就是：政府能夠有個具有公信力的方法，告訴消費者這批菜大家可以放心吃！而我們這套檢驗法可以立即滿足消費者的需求。」

鄭允博士研發的蒼蠅頭酵素農藥殘毒檢測法，讓農藥立刻現形，為大眾「食的安全」嚴格把關。

近年來，農委會將蒼蠅頭酵素生化檢驗的應用層面，從蔬果，擴大到茶葉和稻米；也研發出適用於大量樣品檢驗的技術和流程，甚至一次可以同時檢測 96 項不同的農產品。「只要在兩分鐘的時間內，我可以一次得知 96 個樣品的檢測結果。」曾佳琳指著身旁一箱箱蔬果和一包包稻米，又指向桌上另一台檢測儀器的螢幕，「這裡

檢測從蔬果運用到穀物，只要兩分鐘可以檢測 96 種樣品。

90 幾條線，每一條線都是代表各自的農產樣品，螢幕上就會顯示哪項農產不合格，我們就會重新再複驗；如果確定有問題，我們就會立即通知農產品供應者，這批農產農藥殘毒太高，如果是在各地果菜批發市場，這批農產品就會被擋下來，不可以進行拍賣的動作。」

家蠅實驗室研究員高靜華強調，目前很多地區的果菜市場，拍賣前會利用蒼蠅頭酵素快速檢驗果菜是否有農藥殘存。

縮短檢測時間維持農產新鮮度

農試所研究員高靜華補充說明：「如果蔬果進入批發市場，不能馬上檢驗的話，這些有毒的東西其實很快就會流到很多市場去，消費者就會吃到有毒的蔬菜或水果！目前，包括台北在內、還有其他各地很多果菜市場，都是利用蒼蠅頭酵素檢測法來把關！從蔬果運送進場、到拍賣之前，在很短時間內，各項蔬果的檢驗報告就會出來，檢驗人員可及時採取行動，將不合規定的農產品扣留下來！」

即時檢測、及時把關，這項創新的檢驗技術，用更低廉的價格、大幅縮短了農作物的檢驗時間，也因此維持了農作物的保鮮度，對市場銷售渠道及衛生檢查把關都有極大助益，於是廣受市場採用。工作人員可以在 1 小時內檢測數百種農

產品項，以確保販賣於市面上的蔬果安全無虞。

目前全台灣有 306 個檢測站，包括台北農產運銷公司、各地果菜市場、連鎖超商，甚至國軍、小朋友營養午餐的團膳供貨商，都使用蒼蠅頭萃取出來的酵素，作為第一線的農藥殘毒檢測，積極防堵有毒的農產品流入市面、進入消費者口中。根據農委會農業試驗所的統計，近年來全台每年都有超過 50 萬件蔬果樣本，是靠著蒼蠅頭酵素來檢驗農藥的殘留量，保障消費者的食用安全。

高品質檢測技術名揚海外

早在 50 年前，國際間就有這樣的學理，但是其他國家無法做到這麼好的品質技術。台灣農試所這項獨步全球的檢測技術，吸引了鄰近各國前來採購，例如韓國就經常向台灣下訂單。台灣的研究人員也到菲律賓、越南、泰國、和韓國等

製作蒼蠅頭酵素，最困難的步驟，其實是在家蠅的飼養過程。

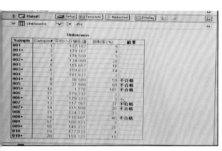

螢幕會將檢測結果立即公布，有問題的可要求複驗。

帶回去，但即使如此，韓國還是無法成功。」所以家蠅的飼養，有很多要注意的細節，還是要靠經驗去累積。

透過小小的蒼蠅，讓台灣的農業生技大大地揚名海外，成 另類的「台灣之光」。

地開班授課，教導當地使用這套便捷的農藥檢測法。

製作蒼蠅頭酵素，最關鍵的技術是什麼？高靜華研究員指出，最困難的步驟，其實是在家蠅的飼養過程。

「以韓國為例，每年大概向我們採購至少 20 公克的家蠅酵素，之前，韓國人曾想過用他們的蜜蜂來做酵素，因為他們生產了很多蜜蜂，但是純化出來的酵素品質卻不好。所以，韓國人來台灣取經，向我們學習，甚至還把我們的家蠅帶回去飼養。我們也讓他們先在農試所這邊試養，然後才讓他們

蒼蠅頭萃取出來的酵素，成為第一線的農藥殘毒檢測劑。

安全農業創造競爭優勢

研發無毒資材取代農藥

　　農委會農業試驗所所長陳駿季表示，「安全農業」是農委會目前極力推廣的概念，除了保障消費者的食品安全，也希望保護台灣這塊土地的環境和生態。「整個農委會的安全農業政策裡面，包含三部分：環境的健康、作物的健康以及農產品的安全。」

　　陳駿季所長強調：「農委會的著眼點，就是希望我們生產的農產品都是安全的。我們有不同的策略，其中最單純的策略就是少用農藥。農藥除了影響農作物的安全；經過代謝，也會影響到下一次的種植，影響土地、環境。在少用農藥的情況之下，遇到一些病蟲害問題，我們農民該怎麼辦？於是我們的研究人員，研發各種利用生物技術製造無毒、非農藥的資材，希望能夠取代農藥。」

新型肥料彷如打防蟲預防針

　　像是在農委會台中農改場，研究團隊就研發出一種新型肥料，這種肥料就像幫植物打了預防針，不必噴撒農藥就可以防蟲。讓成熟的小黃瓜，從菜園裡摘下來不必洗，

就可以直接生吃、涼拌，完全不必擔心農藥殘留問題。目前這種肥料運用在葡萄的栽種上，也已經有很好的成效。

另外，台灣的農業專家也研發出防治害蟲的費洛蒙誘蟲器，利用氣味和顏色吸引害蟲自投羅網，大幅減少農藥的使用。

塑造台灣安全農產品牌

「安全的農產品，未來將是台灣農產品的品牌特徵。這個品牌特徵，絕對不是短時間內可以模仿、複製的！因為這跟人民的文化、消費習性都有關係。品牌的特徵是最難打的行銷戰，如果台灣農產品有此安全特徵，與中國大陸產品就會產生絕對的差異性，對於中國大陸低價農產品的競爭，我們將無需恐懼！」

陳駿季所長滿懷自信的神情，語氣堅定地說著。

農藥殘留，不只可能危害人體，也會危害環境。安全的農產品，是台灣農業高科技的展現！除了守護國人健康，也維護環境安全，更創造出台灣農產品行銷全球的競爭優勢。

抗病蟲、耐逆境
保護希望之苗

地球暖化、異常天候出現的頻率愈來愈高

不管是冰風暴還是熱浪,首當其衝的,莫過於

產品的生長;也因此,糧食短缺已經成為全球

須嚴肅面對的課題。

為了因應糧食危機,世界各國的農業專

現在都致力於研究怎麼樣培育出能夠更抗旱、

熱以及抗逆境的農作物。

台灣的農業科技,向來讓國人引以為傲

下一場農業戰爭,台灣到底有什麼樣的秘密

器?

過多肥料與農藥成暖化元兇

取稻田裡的土壤化驗，便可分析出基本特性，提供農民種植參考。

養分過多　水稻反而生病

　　走進彰化縣和美鎮，一整片看似綠油油的春耕稻作，其實在2010年竟然有90%以上的稻田，得了「稻熱病」。水稻為什麼會生病？土壤專家判定，是農民過度施肥所造成的後果。「水稻跟我們人一樣，要是吃太飽根本沒得醫，水稻也是這樣，肥料放太多，像我們隔壁那塊田，就是太肥沃了！像我種的這些當抽穗時可以再施肥，隔壁的就不能再施肥了，以後的病蟲害也會比較多。」當地農民指著自己的健康稻作和隔壁得了稻熱病的稻作，熱心地解釋著兩者的差異。

　　養分給得太多，稻梗生長得太旺盛，水稻間隙不足，就會得「稻熱病」。長期以來，揠苗助長的問題，農民們其實都知道；只是要他們改變已經傳承好幾個世代的耕種方式並不容易。

顏色太亮麗　顯示農藥過多

　　「那邊的稻作顏色會比較綠，呈現濃綠色，我這邊種出來

的是淡綠色，我估計濃綠色的那邊它絕對比我這邊多噴兩次農藥，為什麼我知道？因為氮放太多、太密了，所以會得稻熱病！但是農民們看到別人種出來的水稻顏色，比自己種的深，比自己種的漂亮，往往不能接受，所以長期下來，大家施放的肥料就都會超量。」農委會農試所農業化

稻熱病是農民過度施肥所造成的後果。

生技最前線

土壤診斷

如何能夠減緩土地資源的消耗，甚至讓土地能夠休養生息，並且減少環境衝擊，運用土壤診斷，將結果提供給農民並給予適當的農作建議是方法之一。

農委會農試所助理研究員譚增偉表示：「我們會取稻田裡的土壤回來化驗，拿回後，先將土壤風乾、磨碎、過篩，便可進行分析很多基本特性，像是分析土壤中的 PH 有機質、無機態的氮、磷、鉀還有多少……，告訴農民土壤裡面還缺多少相關成分。但可惜的是，農民因為肥料便宜，所以不會想把土壤採樣、分析。」

農委會農試所這麼做的目的，就是希望透過土壤診斷來告訴農民要合理化施肥、避免過多肥料，這也是節能減碳的具體作法，希望能減少對環境的衝擊。

學組助理研究員譚
增偉博士熱心解釋。

　　為了改變農
民的種稻習慣，譚
增偉博士還特別到
彰化當地示範該如
何種植，「因為我
今年是第一年作示
範，很多從這邊經
過的阿嬤，都問我
是不是沒錢買肥
料？怎麼我種的水
稻，顏色是淡青色
的？」

　　灑農藥幫稻米
治病，成了傳統農
民唯一的解決途徑。
但他們卻不知道，
過多的肥料、再加
上農藥噴灑，會快
速消耗土地資源、
造成溫室氣體排放，
是全球暖化的元兇
之一。

氣候變遷影響農業及環境

監測生長基溫掌握作物發育期

全球暖化，已經不是未來的假設，而是現在進行式的危機。這是一個急速浮上檯面的「人類百年課題」，因為我們的生存基礎一「農業」，正深受影響。

台灣早在 50 年前，就已經開始蒐集農業專屬的氣象資料，現在全台 17 個農業氣象監測站，每小時測得的資料，就是農業氣候變化的觀察數據。

「我們看土壤熱量的傳輸，譬如不同的深淺剖面溫度的變化，就可以知道它輻射量的改變。」農業試驗所農業氣象站裡的副研究員姚銘輝指著監測儀器說。「任何生物都有一個生長基溫，發育到哪一個時間，它的生長基溫一定是多少，所以我們從農業氣象站裡面，舉例來講，我們就用基溫的資料去判斷作物的生長發育期，而掌握作物的生長發育期，對作物的栽培管理是很重要的。」

台灣 7 成水稻面臨缺水危機

面對缺水危機，研究人員以種原雜交的方式，讓生長時需要大量水源的稻作，節省一半的水需求。

「我們生產作物就是為了人類的需要，假如天氣很穩定的話，我們都可以預期收成是不是夠，如果不夠可以怎麼辦，

都可以預先設想。
但是氣候假如異常
的話，在極端氣候
下，就會造成很多
不可預期的後果，
我們生活就比較沒
有保障，這個就很
麻煩，會引起大家
的恐慌心理。這是
氣候變遷立即對人
生活的影響。」中
興大學農資學院教
授陳宗禮一臉擔憂
的神情說著。

　　研究人員發
現，氣候變遷的影
響是多方面的。溫
度上升，大氣裡面
二氧化碳濃度增
高，連帶導致雨量
減少、分布不平

均，極端氣候現象的發生，對
農業生產都有很大的影響。

　　台灣近年來雨量出現極端

變異，就明顯威脅農作物生長。
約佔台灣 7 成農作面積的水稻
種植，正面臨著缺水危機。

抗逆境因子為育種研究重點

水稻突變庫展現改良成果

在國內研究水稻 30 多年的稻米博士曾東海，早就注意到這個棘手的問題。「我們以台農秈 1 號、台農 71 號兩個品種進行實驗，一邊看到的是一星期缺水情形，加水以後，還可回復。第二排是已經缺水兩個禮拜，缺水兩個禮拜以後我們再把它灌水，卻幾乎已經無法回復回來了，影響非常大。這個實驗，我們主要的目標就是在做節水栽培時，要節到多少水？節水到怎樣的程度，才對我們的產量、品質，影響最小。」

過去曾東海所進行的水稻改良研究，大多著重在增加產量、提升口感等市場的需求面。然而，為了因應氣候變遷，十多年前，他也開始研究抗逆境、適應範圍更廣泛的新品種育成。

稻米博士曾東海十多年前也開始研究抗逆境、適應範圍更廣泛的新品種。

「現在看到的材料，就是農試所建立台農 67 號的突變庫。一般的商業品種著重在產量、品質，或是對病蟲害的抵抗性；但是對於氣候環境或許就沒有那麼注意。所以我們現在才會積極的把抗逆境因子，納入我們育種考慮的目標裡面。」一整片水稻突變庫，就是曾東海多年改良研究的成果。

遍尋篩選抗旱抗鹽種原材料

農委會農業試驗所所長陳駿季表示：「用突變的方式，

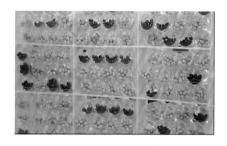

種子庫

種子庫是政府 16 年前花費 4 億元所打造的國家種原中心，這裡蒐集、存放了全台灣 7 萬多份的植物種原，分區管理。短期存放庫和中期庫，供研究人員育種使用；而攝氏負 13 度的長期存放庫，則像是種子的諾亞方舟，農作物免於因為氣候劇變而慘遭滅種。

長期庫的種子置放在半真空包裝的鋁罐裡，屬於世界級的置放方式。可以保存很長時間，甚至是一百年後，都還可以拿出來用。農業試驗所作物種原組組長黃勝忠表示「如果有一天氣候變遷，環境日益變差，那我們是不是要回復到以前，拿以前原生的作物品種來種植，在這種不好的環境下要能夠生長，就從它遺傳的基因來做改良，所以我們現在的品種能夠耐旱、抗病，能夠生長得這麼好。」

就是讓一個植株變成很多不同的突變，從突變裡面去篩選到一些我們要的東西，這樣的方式也避免了一些基因改造的爭議，因為基因改造的農作物還是有它的爭議性。我們用傳統的技術，同樣可以達到類似的目的。」

水稻要注重耐旱，還有耐鹽分，如果土壤裡面的鹽分增加了，怎麼樣讓水稻還能夠適合生長，為了解決這些問題，研究人員從世界上廣大的種原裡，篩選出抗旱、抗鹽的材料。

要培育抗旱、抗鹽的水稻品種，曾東海等研究人員的背後，得有強大支援。位在台中霧峰農業試驗所裡的國家作物種原中心，就是改良育種人員的後盾。

農業試驗所作物種原組組長黃勝忠手指著種子庫，一邊解說著：「這個種子庫就是要保存我們國家所有作物的種子資產，就是一個諾亞方舟的概念。萬一有一天氣候變遷了，所有的作物都沒辦法種植或者損失掉了，我們這邊可以拿出來種植，或者是給育種人員再做改良、來適應它的環境。」

水蜜桃因暖化產量減少

面對缺水危機，研究人員以種原雜交的方式，讓生長時需要大量水源的稻作，節省一半的水需求。只不過，氣候環境變異，所影響的不只是水資源缺乏；溫度逐年升高，也嚴重威脅生存在天地之間的作物。尤其是某些不適應高溫的農作物，例如台灣高山的水蜜桃和高接梨等。

在台灣的溫帶落葉果樹，是受氣溫變化影響最大的作物。以目前全台種植兩千七百多公頃的水蜜桃而言，這幾年溫度變化異常，就完全打亂了水蜜

桃規律的生長期。

　　農試所落葉果樹育種組組長毆錫坤憂心忡忡地表示：「溫帶果樹到了冬天會落葉，像蘋果、梨、桃、李、梅、柿子、葡萄，冬天都會落葉。所謂落葉果樹，就是冬天葉子都落光了，要靠低溫打破休眠，第二年才會正常開花、結果。暖化造成的問題，會讓它們沒有辦法正常開花，長的葉芽很遲緩而且不整齊、葉片數很少，結的果數量也很少，所以產量就減少很多，這就是暖化最大的問題。」

平地水蜜桃種原已開花結果

　　為了使水蜜桃適應

要種出平地水蜜桃，就靠種原。

實驗室裡研究人員正從上千盆經過改良的水蜜桃裡，篩選出能夠在平地暖冬正常開花結果的新品種。

從人工雜交受粉培育出雜交苗，把它種到大，果實採收後再挑選出好的。

紊亂的氣溫變化，培育適應氣候的新品種，成了果樹專家們的首要任務。「這是雜交苗，我們可以從人工雜交受粉，從小苗把它種到大，果實採收進來，再來選拔好的。」歐錫坤組長帶著我們走進實驗室，實驗室裡研究人員正從上千盆經過改良的水蜜桃裡，篩選出能夠在平地暖冬正常開花結果的新品種。「這是平地水蜜桃，這個很大，大概有五、六兩了，

這個是裡面白肉的，另外還有黃肉的。」

歐錫坤組長繼續解釋：「要種出平地水蜜桃，就靠種原。像高山品種的種原，需冷量從 750 到 950 小時都有，而有些種原需冷量很低只有 100 小時左右。所以在平地種的都能開花結果，這品種需冷量大概只在 200 小時以內。」而這些種原來自哪裡？「我們國內本地的鶯歌桃、還有杏桃、六月桃等等，也有部

分是從國外引進的。」

農業科技商品化

目前在台灣，平地水蜜桃的栽種，已經獲得不錯的成果。農試所所長陳駿季認為，像是平地水蜜桃和抗旱的水稻等農作物，都是「產業需求」推動「科技研究」的成功範例，「所以目前整個台灣的農業科技，愈來愈重視怎麼樣把一些基礎的研究成果，轉換成產業可利用的

技術，這也是目前我們推動的一個重點。」將基礎研究的成果，轉換成產業應用，讓農業科技商品化，是台灣農業進軍國際，必須發展的方向。

農業，是台灣安身立命的根本。 即使全球氣候變異，台灣農地面積日益縮減，在這塊土地上，卻始終有一群人默默地努力，將科技運用在農業上。他們用一次次的失敗，累積成功經驗；同時也致力保留著這塊土地上，最原始也最重要的生態資產。

零換水生態循環養殖
如魚得水

國際頂尖科學雜誌《science》曾經大膽預
測,2048 年,海洋漁類將因人類的過度捕撈
面臨嚴重枯竭的命運。海洋資源急劇減少,凸顯
養殖業的重要性。

於是,台灣業者結合生物科技,在陸地上
建構永久免換水的「石斑魚海洋牧場」,試圖解
決目前漁業的困境。這套生態養殖技術還「整場
輸出」到馬來西亞以及汶萊等國,創造高附加價
值的智慧財產。

永久免換水的「石斑魚海洋牧場」,經營
模式究竟為何?一起走訪馬來西亞,來一探究
竟。

全球海洋漁業資源枯竭

邦喀島捕魚難維生

邦喀島原本是一座傳統的漁村小島，但現在魚獲量令居民憂心。

乘著渡輪，來到馬來西亞的邦喀島，這裡距離怡保市大約 90 公里、位在馬來西亞半島的西岸外。靠著天然美景和溫暖宜人的氣候，邦喀島每年都吸引超過 100 萬人次的國際觀光客前來度假。

邦喀島原本是一座傳統的漁村小島，即使到現在，漁業，仍然是島上居民除了觀光之外的主要收入來源。

不過，當地漁民近年來普遍的憂慮卻是：要靠捕魚維生，已經越來越困難了。

清晨的邦喀島海港邊，一艘大型漁船正在起漁，漁工們忙碌地將一簍簍漁獲搬上岸，分類、整理。這趟出海捕魚的收穫，遠看似乎還算豐碩；但走近細瞧，卻很難在漁獲中發現大魚的蹤影。

10 年時間漁獲量減少 99%

漁船的老闆林先生，是華人移民後代，在當地是位相當知名的漁業公司負責人。他一邊指揮漁工、一邊還不時得幫漁獲秤重。林老闆表示「我抓魚已經 28 年了，這幾年漁獲量都比以前差很多！魚量都不太平均，有就有、沒有就沒有。像我們這個月就虧本！抓到的魚賣得的價錢，還不夠出海捕魚的成本！」

林老闆說完停頓了一會兒，指了指旁邊十幾艘停泊在港邊的漁船，「你看他們很多船根

本都沒有出海！」

人為的過度捕撈、環境污染和溫室效應，造成海洋漁業資源枯竭，嚴重衝擊全球的漁撈業。當然，邦喀島的漁民也無法倖免。

以馬來西亞海域的珊瑚礁魚類為例，根據世界保育聯盟的調查，近十年間漁獲量就減少了多達 99%。也就是說，現在的漁獲量只剩下從前的 1%。

箱網養殖依舊得看天吃飯

用「養殖」取代「捕撈」，來滿足人類的口腹之慾，儼然已經是不得不的漁業趨勢。

在邦喀島沿岸，隨處可見大規模的「箱網」養殖。但箱網業者卻表示，這仍然避免不了看天吃飯、收入不穩定的無奈。

「漁民過去的濫捕，讓我們今天的捕魚量，減少得很厲害。我們人類只好靠養魚來補充漁獲的不足。但近年來，氣候的變化，也影響到我們養魚業的產量。」受訪的宋耀明，是馬來西亞一家相當大型的箱網養殖公司執行董事，他同時也是馬來西亞大學的農業顧問。

對於箱網養殖目前所面臨的困境，宋耀明相當無奈地說：「雖然我們魚的市場、需求一直增加，但是我們馬來西亞的養殖業者，卻沒有能力生產足夠的活魚出口。原因包括我們的技術問題、氣候和疾病問題、還有魚苗的問題⋯⋯這些因素都讓我們箱網業者在馬來西亞面對很多的難題！」

用「養殖」取代「捕撈」，儼然已成新的漁業趨勢。

免換水的室內海洋系統

老虎斑，是一種原本棲息在珊瑚礁生態系的珍貴石斑魚種。

馬來西亞拿督向台灣取經

馬來西亞廠商看到了戶外箱網養殖的困境，主動找上台灣養殖業者，共同在邦喀島設立一座大型的室內生態養殖園區，在室內、用海水、大規模地養起了高價的石斑魚。

與台灣養殖業者合作的馬來西亞拿督黃仲健認為「戶外養殖的水，我們很難去控制它；不管是天氣、污染問題、地球暖化也好，在馬來西亞箱網養殖的存活率，一般只有 30% 左右，養得很不好！這是一個商機，

我覺得養殖這個事業，往後都應該往室內去發展。」養殖廠的員工正抓起一隻約莫有 100 公分長的超大石斑魚。

黃仲健一邊小心翼翼地用雙手將大魚接過來，像抱嬰兒般地抱在手上，一邊發出了爽朗的笑聲，相當自豪地說：「我們將台灣的整個系統引進馬來西亞，在這裡養出來的魚都非常好！我們室內養的魚，每一隻都活力充沛、而且肥肥胖胖，都像我一樣！哈哈哈！」

免換水系統養活大量老虎斑

走進邦喀島的一處室內養殖場，耳邊不斷傳來水花濺起的聲響，原來是養殖場的員工正在餵食飼料，而一尾尾活跳

生技最前線
免換水生態循環系統

免換水生態循環系統是完全效法自然，不需要用殺菌劑、也不需要用人工特別的氧氣，完全模擬大自然的方法。

這套室內養殖生技的研發人謝清輝表示「免換水生態循環養殖」就是希望模擬自然海洋的自淨作用，技術的核心就是在室內創造一個自己的海洋。

由於全球海岸線的海洋幾乎都遭受工業的重金屬污染、加上農業農藥的汙染，已導致海水不平衡。謝清輝認為必須創造出自己的海洋，在室內的廠房裡，創造一個屬於自己的、平衡的海洋。

因此，在養魚、養蝦之前，先養水。當有了平衡的海洋，魚蝦進入一個像海洋的生態裡面時，就會比較安定。在這平衡的海裡就容易養出好的魚、而且是健康的魚，同時可以完全不需使用抗生素之類的殺菌藥物。

跳、正激烈搶食的，就是場內的主角─碩大肥美的高級「老虎斑」。

老虎斑，是一種原本棲息在珊瑚礁生態系的珍貴石斑魚種，必須倚賴溫暖、清澈的海水維生，如今竟然可以委身於室內的小水池、被大量養殖。成功的秘訣，就在於養殖場從台灣引進的「免換水生態循環系統」。

從失敗經驗獲得綠色技術

研發人謝清輝表示，之所以投入這項綠色技術研發，主要是他也經歷過台灣養殖業深受病毒和汙染所苦的切身之痛。

「25、6年前，我在室外養海水魚、蝦，那段時間台灣漁民一窩蜂都在養蝦，後來發生了病

室內養殖生技的研發人謝清輝表示「免換水生態循環養殖」就是希望模擬自然海洋的自淨作用，技術的核心就是在室內創造一個自己的海洋。

毒危害，養蝦業遭受到很嚴重的損失，我也損失很慘。當時，我從事蝦苗生產，也有養大蝦，常常一個病毒來，蝦子就全部死掉了，或許有可能是我自己養得很好，但隔壁的養蝦場有病毒，就會遭受汙染，於是整個養殖環境變得非常不穩定，必須要經驗豐富的師傅級養殖人員細心巡視，但即使這樣照料，狀況還是很不穩定。」

「所以我就想說，養殖還是要移到室內才行。」謝清輝談起過去失敗的養殖經驗，仍然記憶猶新。

天災病毒嚴重衝擊漁業

2005 年，台灣的石斑魚也曾爆發大規模孔雀石綠病毒殘留的事件，引起消費者恐慌，一度讓石斑養殖業者的業績一落千丈。除了病毒，低溫寒害、颱風肆虐，更是每年都重創台灣的養殖漁業。像是 2009 年，因為一場莫拉克颱風，漁業損失就高達 58.8 億元的天價。

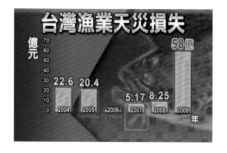

而佔台灣養殖漁業高達九成的魚塭養殖戶，為了控制水質，過度抽取地下水來換水，也導致台灣沿海地區嚴重的地層下陷，

引發國土危機。

原始生態平衡的室內海洋

　　傳統戶外養殖的種種難題，促成了室內生態循環養殖系統的研發。

　　這套技術的核心理念，就是在養殖廠裡模擬、創造出不受天候干擾、沒有人為污染、原始而生態平衡的室內海洋。而這個室內海洋最大的特色是：幾乎永久免換水。

　　「這套生態循環養殖系統的換水率非常低，甚至可零換水，我們在內陸曾做過零換水，在我們中國蘇州廠，外頭冰天雪地，在室內，用溫暖的人工海水，就成功養出 30 噸的青斑！」謝清輝神色驕傲地說著：「我們用的水量跟傳統養殖業比較起來的話，大概只用了五十分之一，節省非常多的水。我們只是把一些處理過、髒的水丟掉，還有補充一些

中華海洋生技公司以綠色養殖技術獲得「2011 年中小企業創新研究獎」。

自然蒸發掉的水。使用這套系統，每天的換水率，大概都只有 1% 左右，很少、很少。」

　　即使只在魚缸養過魚的人都知道，定期換水，避免讓排泄物污染水質，是養魚的重要工程。要能夠做到不換水、在內陸成功養殖海水魚，技術的高難度可想而知。謝清輝是怎麼做到的？「我們利用細菌的方法、生物的一種自然自淨作用的方法把它解決掉。我們控制細菌的平衡，當到達平衡時，水質就會非常穩定。此外，我們會把魚大便跟尿，化解成一些營養分，讓系統裡水中的營養成分特別高。」

製劑、養殖技術全是 MIT

含有天然硝化細菌和數十種微量元素的特殊生物製劑,是台灣空運來的秘密武器,不但能迅速解決水中養殖魚類排泄物的毒性問題,更能形成良好的菌床,長期維持室內海水的生態平衡。

在邦喀島老虎斑室內養殖場的一角,養殖場長正指揮著員工們打開一袋袋不同的粉末,有的混進魚飼料裡攪拌,有些則準備直接放進養殖水池,「攪拌在魚飼料裡的粉末,是我們公司研發的中藥草餌料添加劑。每三個月就從台灣帶過來,它可以保護魚的腸和肝。」養殖場場長宋永鋒解釋。

「而每星期固定都要投放一次的水質處理生物製劑,這些生物製劑也都是定期從台灣運送過來的!」在這裡,不只生物製劑和餌料添加劑是正港「MADE IN TAIWAN」,整個養殖場的機器設備、養殖技術、甚至連宋場長

本人,都是從台灣飄洋過海來到馬來西亞。宋永鋒是謝清輝在台灣一手培訓出來的養魚專家。

相較於傳統戶外的海洋箱網和陸地魚塭,利用台灣研發的這套「室內零換水生態循環技術」所養殖的石斑魚,存活率大幅提高了兩三倍。連魚苗都比別人養得更健康、更強壯,成為馬來西亞養殖業界的搶手貨。

零換水生態循環系統整場輸出到馬來西亞邦喀島。

生技最前線

室內零換水生態循環系統關鍵技術

謝清輝所研發的這套生態循環養殖技術，是利用物理過濾、生物過濾和生態培養三大系統，讓室內養殖場的水質能達成穩定、肥沃、平衡。

「這種養殖法類似中醫的養生法，魚的很多營養都要從水直接灌到牠的腮跟側線，再吸收到牠身上，所以魚需要穩定跟肥沃的水。因為少換水，水就特別的肥沃，那魚的成長率會比較高，而且它不受天氣冷熱、下雨或者是其他落塵的影響，生態不容易不穩定。如果戶外養殖，生態很不穩定。但在室內的養殖場裡生態是滿穩定的，所以魚成長的速度提高，活存率也隨之提高。」

經過 10 年的實際商業生產操作，前 2、3 年該系統養殖石斑的活存率只有 30% 到 40%；6、7 年後，就提高到 60% 至 80%；

現在，已經可以達到 80% 至 90% 的養殖活存率了！

謝清輝表示「我們每星期都固定將 2ppm 的細菌放在這池子裡，保持它一定細菌的平衡。經過生物過濾後，水會進入生態培養機。在這個機器裡，我們也是模擬大自然海浪沖向海岸的原理，，在這機器內部做好設定模擬，整個大自然自淨作用的機制都被濃縮在這個區域裡面，讓水猶如回復到大自然一種真正的生態水，用來做為我們自己養殖石斑的海洋。」

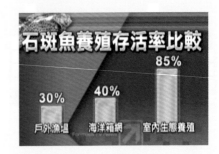

高經濟養殖技術傲視全球

室內養殖大大降低業者風險

宋耀明擔任執行董事的馬
來西亞大型箱網養殖公司，就
是謝清輝的客戶之一。「因為
魚苗是在室內養殖的，魚苗的
生存和水準會控制得比較好，
所養殖出來的魚苗，生存率都
會比較穩定。如果是用箱網在
沿海自然環境下培植的魚苗，
有時候會忽然間全部死光，多
半是疾病的問題，因為大海中
的自然環境人類控制不到，這
都會影響魚苗的存活率，造成
養殖業者很大的困擾。」

宋耀明認為，室內養殖大
幅提高了對水質的管理、掌控，
也大大降低了養殖業者的風險，
因此，他肯定室內養殖將會是
未來漁業的趨勢。

大馬養殖計畫獲肯定

馬來西亞政府的漁業官員

室內生態養殖園區因在室內，克服天候影響，養出活力充沛又健康的石斑魚。

Mazuki，對來自台灣的這套室
內養殖科技也讚譽有加。馬來
西亞漁業局投資貿易長 Mazuki
表示：「目前在馬來西亞石斑
魚主的要生產方式，是在沿海
地區靠箱網養殖，但我們無法
控制環境因素所造成的問題。
我們覺得台灣室內養殖業者的
這套新技術，真是太棒了。不
僅幫助我們生產高品質的石斑
魚，還能掌控整個生產過程，
控制品質、數量、還有價格。」

Mazuki 強調，馬來西亞官
方尤其看中台灣卓越的育苗技
術，「石斑魚苗在馬來西亞，主
要是靠進口來供應，直接從國外

空運魚苗進來，馬來西亞本地的育苗活動很少。而台灣的養殖科技，正可以幫助我們發展育苗的技術，協助石斑養殖業者生產出更多的石斑魚苗。」

看準台灣養殖石斑魚優異的農業生技，馬來西亞政府特別在邦喀島提供了一塊 20 公頃的土地，大力支持台馬合作的室內生態循環養殖計畫。而老虎斑室內養殖場，就位在其中。

1 個育苗池創造 50 萬元產值

「這室內養殖場所在的這

邦喀島計畫圖

片土地是向政府拿的，政府鼓勵我們用這片地作馬來西亞第一個老虎斑育苗中心。這片地將近 57 英畝，幾乎是馬來西亞政府免費提供。現在我們第一個養殖計畫已經成功了，接下來我們慢慢會開始作第二個、第三個計畫，會一直繼續作下去。」華裔身分的馬來西亞拿督黃仲健，用流利的中文解說著。

目前在邦喀島的室內養殖場裡，共有 24 個水池供應老虎斑魚苗的初期育成，等到魚苗長大、到了特定尺寸，就得再移到另外一個養殖系統，目前有 54 池。

「像這池最小的魚大概 4 吋魚。一隻 4 吋魚價格最起碼就要大概 48 元台幣。這一池如果放滿一點，最高可以養到 12000 條魚左右。」說完，漁場場長宋永鋒

石斑魚養殖成功的關鍵在於健康的魚苗。

餌料及製劑都來自台灣，也是保護台灣智財的方式。

將右手伸進養殖池，隨手一撈，就有約莫 5 隻老虎斑魚苗在他的掌心活蹦亂跳。

不用殺菌　成功量產

石斑魚養殖成功的關鍵在於健康的魚苗，但石斑魚苗的死亡率高、育成困難，所以價格是一般魚苗的五倍。很難想像小小的一池魚竟可以創造 50 萬台幣的產值！

「像這個池子是養殖老虎斑的大魚，這個池子只有 4 米乘以 4 米，假如 1 米深，總共有 16 噸水，像這樣的池子我們都是放 1000 尾，出貨的時候是 600 克到 800 克的老虎斑、1000 尾，我的養殖密度可以達到傳統的 15 倍！」謝清輝用雙手手指比出「15」，得意地說：

台灣漁業養殖技術名揚海外。

「我這是全世界唯一一套不用殺菌方式、利用自然生態平衡，並且真正成功量產的室內海水循環養殖系統！」

室內生態環境養殖 世界第一

近年來對台灣農漁業問題相當關注的時代基金會執行長、名律師徐小波認為，這套室內循環養殖技術最大的利基，就是可以用來養殖像石斑魚這類的珍貴魚種，「他們選擇了石斑魚是非常正確的！石斑魚這個魚種價位很高，存活率非常重要。否則你花很多時間、心力研發了很多技術，可是養殖出來的魚如果是很便宜的，那這個技術的經濟價值就不高。」

曾經擔任德記洋行總經理的張永聲，就是看上這套養殖技術的未來潛力，於是和老同學謝清輝合力創設「中華海洋生技公司」，兩人一起大力推廣室內生態循環養殖的綠色科技。

「我們在做養殖事業最害怕的一件事情，就是怕靠天吃飯。尤其以企業經營的角度來講，穩定是很重要的。我們的優點，第一點，運用這套技術能創造自己穩定的海洋生態，得以穩定的產出所需求的魚、蝦、蟹。第二點是從企業的經營來看，我們希望公司的營收，不會受到天候、不會受到環境等等的

時代基金會執行長徐小波律師（右）與夫人（右二）及李宗洲博士（左二），於 2009 年 11 月到美國麻省理工學院 (MIT) 參訪，與校長 Dr. Susan Hockfield(中) 合影。

影響，公司得以每年都有穩定的成長。」

說著說著，中華海洋生技公司董事長張永聲伸出手、豎起大拇指，「全世界現在專注、而且是第一個，把純海水石斑魚放在室內用生態循環養殖系統來養，甚至可以在內陸免換水來養海水魚，我們是台灣唯一的一家公司！我們在這個領域是領先全世界的！」

石斑魚讓養殖技術價值連城

擁有獨步全球的養殖技術，中華海洋生技公司將技術運用的目標，鎖定在養殖高價的石斑魚。當初為什麼選擇石斑？張永聲強調：「石斑魚在台灣的養殖漁業發展過程當中，有從種苗、一直到養成魚，已經形成很豐富、很穩定可靠的一個技術鏈在裡面。」

石斑魚是高經濟價值的食用魚類，全球市場規模超過 11 億美元，而且隨著中國經濟起飛，當地的活魚市場急速擴張，近年來更吸引各國養殖業者競相投入。

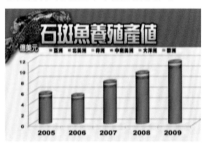

而台灣這套室內生態循環養殖技術，除了在馬來西亞獲得肯定，也引起了鄰近其他國家的注意。例如汶萊當局和養殖業界就相當重視，也主動向台灣尋求合作，不久前已經進駐汶萊的生態養殖園區，也開始在室內養殖石斑魚。

汶萊養殖園規劃圖。

專家建議
室內生態養殖園區

建構室內生態養殖園區

　　室內生態養殖科技在海外受重視的程度，似乎甚於在台灣本島。中華海洋生技公司總經理張永聲相當無奈地表示，「其實，政府應該認清，台灣的地理位置，每年颱風跟寒害無法避免，尤其面對目前天候的極劇變化，這種情況只會愈來愈嚴重。與其將數億經費用來補助颱風、寒害等天災所造成的漁業損失，政府不如未雨綢繆、先撥好預算，建置好室內的生態養殖園區，然後讓業者來承租。」

　　張永聲認為，「隨著ECFA簽訂之後，我們已經可以把活魚直接從台灣運往中國大陸的11個港口直接銷售。我們甚至可以進一步在那邊建立活魚的物流中心，這一個產值是可以看到未來潛力跟發展的。因為需求夠好，技術在我們手上，再加上有好的銷售管道。所以，我們認為台灣發展室內的生態循環石斑魚養殖，絕對會是台灣一個非常有潛力的產業」。

小公寓的高密度養殖河魚奇蹟

其實除了養海魚,也有馬來西亞業者引進這套免換水系統,在狹小的公寓裡,成功養出了高價的河魚。

「這裡面有蘇丹魚、忘不了…,像這種河魚忘不了,1公斤就要台幣1萬元以上。這個小魚池可以養200公斤的忘不了…」因為愛釣魚、愛吃魚,兩年前開始在自家公寓養起河魚的馬來西亞養殖業者梁慶翔表示,馬來西亞人愛吃河魚,某些珍貴的河魚只能生長在清澈無汙染的河水中,近年數量銳減,賣價很高。而他之所以能在公寓裡高密度地養殖珍貴河魚,要歸功台灣研發的生態循環系統。

中華海洋生技公司將獨步全球的養殖技術運用在高價石斑魚的養殖上面。

造就馬國河魚生態養殖計畫

「這些水都是自來水，如此高密度養殖，一小池就養這麼多魚，水都還是很清潔，一點味道都沒有，而且幾乎不用換水，就是用這些自來水一直循環再利用。」梁慶翔用雙手舀起魚池裡的水聞了幾下，繼續說道：「馬來西亞的科技部長也來參觀過我的公寓，他們都覺得很奇怪，為什麼我這麼小小的室內養殖場，竟然可以養出肉質這麼好、這麼健康、完全沒用藥的魚，而且還是如此高密度地養魚，外面根本不可能這麼高密度地養殖河魚。」

引進台灣高密度又環保的室內養殖科技，梁慶翔用他在小公寓成功養殖河魚的事實，說服了馬來西亞科技部撥款補助他一項大型的河魚生態養殖計畫，初期就將創造每年至少台幣 5000 萬元的營業額。

零換水生態循環養殖系統在汶萊非常受到官方重視，汶萊漁業署署長（左四）特別參觀漁場。

知識財創造雙贏商業模式

免換水生態循環養殖系統創造封閉與生態均衡的室內海洋。

訂定 SOP 推展國際技術合作

　　對中華海洋生技公司來說，不管生意往來的對象是養海魚或是養河魚，董事長張永聲表示，他們都已經發展出一套雙贏的商業模式。「我們叫做技術合作，我們不把技術賣掉，所有技術的專利保留在我們公司，所有生物製劑的配方、餌料生物的配方，

掌握在我們自己本身的手上。我傳授給我們當地合作夥伴的，只有 SOP 標準作業流程。而且這些標準作業流程，在執行時是由我們總公司從台灣派出去的技術人員擔任海外的養殖場長，由台灣的場長帶領當地的員工，照這個標準操作手冊來作業。」

　　以邦喀島老虎斑室內養殖廠為例，所有員工都必須遵守中華

員工們每天都要填寫日報表，每周則有周報表，將這些重要數據作成檔案，透過網路傳送給台灣總公司掌控現況。

海洋生技所訂下的標準作業流程。只見每名員工在養殖廠內執行完畢每個步驟，都會拿起隨身的紙筆詳實紀錄，包括水溫、水質檢測的結果，餵魚量多少公克……等等，員工們每天都要填寫日報表，每周則有周報表。每天傍晚，台灣派駐邦喀島的養殖場場長宋永鋒，都會將這些重要數據作成檔案，透過網路寄送回台灣總公司。

而中華海洋生技公司位於台灣的總部，則有專業的人員負責每天分析各地的養殖成績。如此一來，總公司能隨時掌握住世界各地各個合作養殖場的養殖現況，遇到問題也能隨時提出警訊和改善之道。

運用智慧財產創造商業價值

　　「我們現在在發展的，我們叫做知識財。我運用我的 knowledge(知識)，我的 IP(專利權)，那麼我就可以創造出以低成本的投入卻可以有很持續而且很大的利益的分潤

回來，這是一個嶄新的模式。當然這當中有一個我們非常堅持的，就是整個 know how 技術最核心的部分，我們除了靠專利權的保護之外，我們更有一些配方是保密的，類似像可口可樂的這個模式。」張永聲說，他將中華海洋生技公司定

整廠輸出

　　時代基金會執行長徐小波，近來大力推廣如中華海洋生技將石斑室內養殖技術「整廠輸出」的商業模式。「比如說我們要如何培養魚苗、供應魚苗，如何整廠輸出，這都要先跟外國的合作對象溝通清楚。為確保整廠輸出的魚類品質，要求對方一定要用我們供應的飼料，如此一來，這家公司就能不斷地賣飼料外銷，所以要想辦法讓很多永續的商業機會存在。」

　　徐小波不自覺地提高了聲調：「台灣政府和農民、漁民們，應想辦法做增加附加價值的事情，而不是只想要再降低成本！台灣長期以來擁有很多優異的農業科技，所以，台灣農業可以發展的空間實在太大了！是全世界的！我們可以把整個農業技術整合、包裝，硬體、軟體、智慧財產權，通通包裝起來，就可以做一個一套一套的整廠輸出。」

位為「應用服務的提供者」，賣的不是石斑魚，也不只是循環養殖的硬體設備，而是將石斑魚室內養殖的科技「整廠輸出」。

「當然，要用夥伴的關係，才得以讓我們所謂的技術整廠輸出能夠長久的延續。目前我們的合作模式是：養殖的獲利我們分 30%、對方分 70%，我們發現這樣子的模式是讓合作得以延續，而且得以讓雙方都開心的！我這樣講好了，我承認我們有點在學習麥當勞的經營模式。」

保留核心 know how，用「技術合作」的方式；中華海洋生技公司有別於台灣傳統農業的獲利模式，他們不再只賣有形的農產品，而是靠無形的智慧財產，創造出更大的商業價值。

海洋牧場創造高經濟價值。

搭建潔淨海洋牧場進軍國際

　　在陸地搭建室內的「海洋牧場」，取代對大海資源的掠奪、更遠離天災危害。高密度養殖、節省土地資源；循環免換水、兼顧環保和生態；防堵外來病菌和污染、避免使用抗生素、保護消費者健康；中華海洋生技公司的室內養殖科技，對人類需求和傳統漁業的困境，提供了解決方向。

　　而將台灣過去累積的豐富養殖經驗，搭配優越的農業生技，和先進的軟硬體設備，效法麥當勞、整廠輸出、企業化經營，更開啟了台灣農業進軍國際舞台的創新商業模式。

定期換水以保持乾淨的水質，是養魚的重要工程。

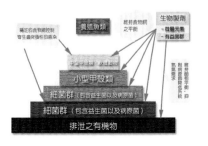

打造植物工廠
前進綠金市場

2011 年 10 月，全球第 70 億人口誕生，這個喜訊的背後，其實透露著世紀隱憂。

按照這樣的速度推算，2050 年全球人口將突破 90 億大關，聯合國糧農組織表示，要餵飽這九十億人口，糧食供應量必須是目前的 1.5 倍。

然而，由於土地沙漠化以及全球暖化，糧食的供給已面臨前所未有的威脅。

2011 年 6 月，工研院號召了晶元光電、億光電子、台灣肥料、台灣大學及屏東科技大學等 20 多個產學研團體，建置國家型的「植物工廠」，以導入科技的方式，達成農作物定時、定量生產的模式。

工研院跨界整合生物科技，一旦成功，將成為植物工廠複製的模型，為人類面臨的農糧威脅，找到可能的解答。

生根台灣的「發芽」經濟

經過 SPA 的芽菜賞味期延長

　　搭清晨由台北南下的高鐵，窗景隨著車速一幕幕地換著，轉眼不過十來分鐘，窗外，已從匆忙趕路的上班族，換成了一幅濃郁的田園景致，幾畦水田裏串著金黃的稻穗，在風中搖曳出醉人的米香。

　　離中壢不遠的產業道路邊，有個不起眼的芽苗工廠「紅柿子」，裏頭有兩套自己設計，又令業界欣羨的機器：一台是芽菜 SPA 機，可以用氣泡將芽菜均勻按摩，讓芽苗毫不受損地自然脫殼；另一台是發芽機，它可以模擬各種植物的生理狀況，將溫度設定在 22 度，濕度設定在百分百

的情況下，再配合每 3 分鐘旋轉不定向地灑水 1 次，裏頭的苜蓿芽看起來不但健康飽滿，而且放在室溫下可以保存 1 星期，這和一般苜蓿芽 2、3 天就開始變黃的情況，有很大的差別。

模組化經營有機蔬果名揚海外

「紅柿子」總經理鍾添景出身農家子弟，文化大學園藝系畢業後，進入農藥公司負責農藥業務，自嘲那段「販毒」經驗，讓他存在著殘害土地的罪惡感，於是他自行創業，成立「紅柿子食品」，專門經營有機農產品。

芽苗工廠的成功經驗，後來擴大到小型葉菜類，以模組化成功發展有機蔬果營運的新模式，現在不但整廠輸出到印尼及泰國，連新加坡都想來買設備，更是中國農業極力拉攏的對象。2011 年 7 月，山東省長的訪台之行，特地將「紅柿子」排入行程，駐足拜訪，原來，被譽為「中國有機農業第一區」的山東淄博市，一直想把這家工廠「挖角」過去。

但從小跟著父母下田的鍾添景，對這塊土地有著濃厚的感情，他決定根留台灣，複製小芽苗的成功經驗，從台灣佈局到整個東南亞，擠進全球最夯的「綠金」產業。

模組化芽苗工廠成功發展有機蔬果營運新模式

結合 LED 專家 乾淨蔬菜學問大

層層疊疊 產量極大化

走進「紅柿子」位於新豐的蔬菜工廠，眼簾映入的綠意，新鮮可口，清爽四溢。鍾添景隨手摘了幾片葉子放進嘴裏，驕傲地說「我們的蔬菜比政府規定的生吃標準還乾淨。」這話說得鏗鏘有力，也說得有憑有據。

根據衛生署規定，生吃蔬菜每公克的微生物必須低於 10 的 5 次方（CFU），不過「紅柿子」在日前送檢的數值，只有 10 以下；而一般生菜硝酸鹽的含量大約是 3000 到 5000ppm，嚴格的歐盟標準也要 2000 ppm，而「紅柿子」則能維持在 1000ppm 左右。

　　雖然沒能做到每次都送檢，有這樣的數字也令人刮目相看。尤其，這約百坪的植物工廠，每天可以產出 3000 株 80 到 100 克的成菜，產量幾乎是一般農地的 10 幾 20 倍。

　　將栽種面積極大化，是產量倍數成長的主要原因。仔細看，每株蔬菜都方正整齊地層層疊高，為了讓每一層蔬菜都能照到光源，灑到水，也為了方便採收，「5 層樓高」是最理想的設計，如果是小型菜苗的話，最高可以達到 10 層左右。

運用台灣科技優勢找生路

　　在質與量之間取得的最大公約數，讓「紅柿子」在全省的拓點極為迅速，更整廠輸出到印尼。

　　然而，這個制式化的蔬菜工廠，不但暗藏了許多關鍵技術，更是鍾添景花了 6 千萬買來

的經驗。7 年前他和朋友合資，在宜蘭蓋了一座蔬菜工廠，但那時，技術還不成熟，發光二極體（LED）的價格又貴，最後計畫宣告失敗。因為知道這是個趨勢，於是在 2011 年，鍾添景找來了 LED 的專家一起合作開發，在連番挫敗中找到關鍵的 Know-How，正式跨足植物工廠。

　　「LED 有不同的波，每種蔬菜要的波也不一樣，這好比調配方，是門大學問。」「紅柿子」運用台灣科技的優勢，為傳統農業走出一條生路。

打造植物工廠　農糧危機解套

改變農耕方式 解除飢餓威脅

2011 年 10 月，全球第 70 億人口誕生，這個喜訊的背後，其實透露著世紀隱憂。如果按照這樣的速度推算，2050 年全球人口將突破 90 億大關，聯合國農糧組織表示，要餵飽這九十億人口，糧食供應量必須是目前的 1.56 倍。但問題是，目前全球可耕地已經超過 80%，再加上土地沙漠化以及全球暖化，糧食的供給已面臨前所未有的威脅。

「如果目前的農耕方式沒有改變，未來可能有很多人會餓死。」長期推動「植物工廠」的台大生物產業機電工程學系教授方煒，憂心忡忡地如此表示。

建構國家型植物工廠

事實上，植物工廠的概念出現在半個世紀前，只是，過去礙於經濟因素，僅止於學術研究

植物工廠

植物工廠 (Plant Factory) 可分為「完全人工光源型」與「人工陽光併用型」，特別是前者，是將農作物種在隔離的空間裡，利用科技建置出最適合植物生長的精密溫室，嚴格控制光量、溫度、濕度及二氧化碳濃度等等，這使得種在裏頭的蔬果不受氣候影響，也不會受農藥及蟲害的污染，被視為 21 世紀的農業革命。

以及種苗的孕育；一直到最近，LED 降價、各項設備效率提高，加上人們對於蔬菜安全意識的抬頭，使得植物工廠快速崛起。目前許多國家，包括美國、日本及荷蘭都紛紛投入。

台灣第一個跨農業與科技的大型合作平台，在 2011 年 6 月正式成立。工研院號召了晶元光電、億光電子、台灣肥料、台灣大學及屏東科技大學等二十多個產學研團體，準備在院內 23 館後方 1600 平方公尺的波斯菊田上，建置國家型的「植物工廠」，以導入科技的方式，達成農作物定時、定量生產的模式。

跨界整合打造植物工廠

工研院植物工廠計畫總協調人蘇宗粲表示，植物工廠的成功與否，關鍵在於「溫室工廠培育技術」。工研院將以跨領域、跨單位技術進行整合，為植物量身訂做出最適合的生長環境。

例如量測中心可以針對植物工廠內的氣流分布來進行模擬，以了解溫室內的溫度及濕度變化；電光、材化所可以分別根據植物的特性，進行光照、光源，或者介質栽種的改良；機械所可發展自動化採收技術，節省人力；生醫所可以進行基因工程改

良，改善品種；資通所可以無線
傳輸方式，傳送植物生理資訊；
雲端中心，可在雲端上維護植物
工廠的電腦資料，隨時進行遠端
處理；綠能所則可以從葉綠素的
變化，來分析植物的成長狀況
等。

　　工研院跨界整合生物科技，
一旦成功，將成為植物工廠複製
的模型，為人類面臨的農糧威
脅，找到可能的解答。

農業新型態「種」點在家裏

運用 LED 燈波長栽種蔬果

其實,就在工研院植物工廠平台成立的前半年,台灣大學生物資源暨農學院已在校內先導計畫經費的支持下,斥資三千多萬元在校內建立了研究型、量產型、家電型與示範型的植物工廠,作為研究、教育與推廣平台。其中,又以家電型的植物工廠獲得最大的迴響。

化身為冰箱、電視櫃或枱燈的植物載具,看起來就是家電的一部分,只是,它們多了「植物工廠」的功能。民眾只需要透過按鈕就可以控制營養液及 LED燈,利用波長精確的光線,來種植合適的蔬果。

例如種的是葉菜類,就多使用紅光 LED;如果是根莖類,就採用藍光 LED。加上適時補充的二氧化碳濃度,這使得一般需要45 到 60 天生長期的萵苣生菜類,在植物工廠裏只需要 30 天就可以收成。

都會區也能在家種植健康蔬菜

自家種的菜,不但隨時取用都新鮮可口,也不怕輻射或重

金屬污染，這讓台灣建商靈敏地嗅到龐大商機，領先全球率先投入。主打「智慧、生活、健康」的台北建商，在不景氣的低潮推出建案，居然在一個星期內熱銷一空，主要的功臣就是「植物工廠」的附加價值。

　　他們在社區建造小型植物工廠，先孕育種苗，然後再分送到各戶的家具型植物工廠，這種異業整合的新創意，讓現代人輕鬆參與農業，也吸引新加坡及大陸等國際媒體爭相報導。

科技大廠看準綠金大餅

　　隨著農業技術與設備效能的提高，植物工廠的世界潮流已愈來愈明顯，2012年全球新建與維修市場產值，預估將高達720億美元。看準這塊綠金大餅，目前包括鴻海、億光、新世紀光電、英業達等等高科技廠商都已開始規劃或小規模進行。

　　台大生物產業機電工程學系教授方煒表示，「完全人工光源」植物工廠，是一種類似工業界「穩態量產」的工廠，它包括的無塵室、節能燈具、控制系統、滅菌技術、機電設備、冷凍空調、無線感測等等，都是台灣科技的強項。整個栽培系統發展為製造硬體的產業，不只在台灣設立，也外銷到日本、大陸、帛

琉等地區直接設廠。

建立量產關鍵技術

　　至於方煒主持的台大植物工廠平台，也積極進行作物栽培技術與參數之研究：包括浸種的時間、育苗的環境調控與時間、定植的時間、栽培的行株距與養液的配方等等，都必須定量化，建立出量產形的關鍵技術 (know how) 轉移給民間使用。

　　這些關鍵性的軟體知識，配合台灣優勢的硬體設施，就是台灣植物工廠的競爭力。更重要的是，植物工廠的建立，能讓學術界培養的農業人才能發揮所長，年輕人也有機會回流鄉村，未來還可推出結合植物工廠的主題餐廳或觀光農場。

　　植物工廠帶來的，是人類農業轉型的綠色革命。

PART 4
生技臉譜

台灣生技產業得以揚名國際舞台，
窮畢生心血與歲月的研究人員居功厥偉！
「台灣肝帝」陳定信教授，致力研究肝病 40 年，
只希望能讓台灣肝病能銷聲匿跡；
楊育民從電機博士變身為世界知名藥廠全球技術
營運總裁，
成為台灣與國際生技產業接軌的重要媒人；
台大醫學院院長楊泮池為本土肺病做精闢研究，
更推動「生醫研究」和「生技產業」整合，
以提升台灣的臨床轉譯研究、臨床試驗成果；
陳鈴津博士為癌症病童致力轉譯醫學研究，
贏得健康英雄美名；
看他們如何在各自專業領域中努力奮鬥，
將台灣生技推向國際舞台。

陳定信
窮畢生心血找回好心肝

Dr.李
EZ TALK

衛生署公佈的全國十大死因當中，慢性肝病及肝硬化年年榜上有名，肝癌更高居全國十大癌症死亡原因的榜首，為了對抗 B 型肝炎，政府從 1984 年開始執行新生兒 B 型肝炎預防注射計畫，成為全世界第一個全面針對新生兒施打 B 型肝炎疫苗的國家，而台大醫學院陳定信教授便是當年重要推手之一。

將近 40 年的實驗研究與醫療工作，至少解救 20 萬名可能死於肝癌或肝硬化的生命，2011 年獲選了美國肝病學會傑出臨床教育家 / 導師獎，成為學會成立以來第一位獲獎華人，陳定信以實驗室為家，最大的希望就是能讓這號稱台灣國病的肝病能夠銷聲匿跡。

肝癌奪至親命 誓言正面迎戰

陳定信教授以畢生心血對抗肝病。

「台灣肝帝」受國際肯定

2011 年 11 月，全球肝病醫學領域中首屈一指的美國肝病學會 (American Association for the Study of Liver Diseases, AASLD) 召開年度大會，在全球近 8 千名肝臟內科醫生的注目下，台灣大學陳定信教授緩緩上台，接受年度「傑出臨床教育家 / 導師獎」(Distinguished

大師光譜

現任：

中央研究院院士
台大醫學院內科教授
台大醫院肝炎研究中心主治醫師

經歷：

- 台灣大學醫學院院長
- 美國國家科學院海外院士
- 台灣大學醫學院臨床醫學研究所所長
- 台大醫院肝炎研究中心主任
- 台大醫院胃腸肝膽科主任
- 世界肝臟醫學會理事長
- 美國國立衛生研究院（ NIH ）肝炎病毒組擔任客座研究員

榮譽：

- 美國肝病學會傑出臨床教育家 / 導師獎（2011 年）
- 日本經濟新聞社日經亞洲獎（2010 年）
- 發展中世界科學院（TWAS）第里雅斯特科學獎（2006 年）
- 世界醫學會世界關懷醫師（2005 年）
- Grand Award, Society of Chinese Bioscientists in America （1993 年）
- Abbott Laboratories Research Award（1986 年）
- 行政院傑出科學技術人才獎（1984 年）

Clinician Educator/Mentor Award) 的表揚，這是該學會成立 62 年以來，第一位獲獎的華人。

　　白髮幡然的他接過獎牌後，笑容可掬地以台語「感謝」，簡單致詞。這位台灣本土醫生，沒有博士頭銜，卻一路從內科醫生、醫學院院長、中研院院士，還獲選為美國國家科學院外籍院士，以近 40 年的畢生心血對抗肝炎，並成功推動新生兒 B 型肝炎疫苗接種，

至少解救 20 萬名可能死於肝癌或肝硬化的生命，「台灣肝帝」的封號，當之無愧！

父親啟蒙種下實驗研究種子

　　出生於二戰末期的陳定信，從小在鶯歌長大，一家五口都靠爸爸在中學教書的微薄薪水過活。為了有更好的收入，父親在家的後院搭了兩間雞寮、一間豬圈，還闢了一片菜園。身為老師的父親渾身上下充滿科學的細胞，剛出生的小豬容易生病，陳定信的父親買書來研究後，買藥自己動手替豬打預防針；不只如此，為了研究哪個品種的雞可以生出最多

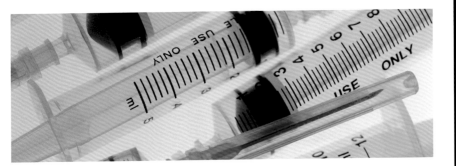

的蛋，他每天觀察、統計、紀錄……。這段童年的農家生活，因為父親以身作則的啟蒙，無意間種下了陳定信對實驗的興趣。

　　天生聰穎和不服輸的個性，使得陳定信從小成績優異、一路過關斬將，考上建國中學的初中部、高中部，以及台灣大學醫科。他人生的第一個重大挫敗，發生在大四那一年的冬天。

父親肝癌病逝 向肝病宣戰

　　大四的某一天，和家人晚飯後的父親突然摸著肚子說，

「這裏摸得到一個怪怪的東西，可是不覺得痛」。當時還沒有臨床診斷經驗的陳定信，直覺不太對勁，於是陪同父親到台大醫院檢查。沒有超音波，也沒有電腦斷層的年代，都是透過探測性剖腹手術，才知道問題的嚴重性。外科醫生下了第一刀，就發現陳爸爸已是肝癌末期，才熬過冬天，49歲的父親便撒手離開人世。

　　這對陳定信來説，不只是一記沈痛的打擊，還夾雜著懊惱、怨恨與無力感的痛苦情緒。還沒真正穿上白袍的他，從此已下定決心，要正面迎戰這個奪走至親的可怕敵人。

以科學精神致力肝病研究

台灣肝癌病人罹病原因不同

然而，陳定信真正開始了解「肝癌」，是他升大五，在內科消化道病房實習的時候。

「哇，肝癌病人真的是太多了，住進醫院的 80% 都是肝癌，而且都已經出現腹水，隔沒多少就死掉了。」面對來日不多，病入膏肓的病人，那糾結著慚愧的無力感又油然而生，最令他難以釋懷的是，怎麼這些都跟教科書上說的不一樣？書上都把肝癌的原因指向喝酒，可是自己的父親滴酒不沾，這些病人也不是都愛喝酒，到底為什麼？！「一定有其他特別的原因。」

父親那崇尚科學、追求真相的基因，完全複製在陳定信身上，只是他萬萬沒想到，他幾乎是用盡畢生的心血，來探究肝癌背後的真相。

日以繼夜探究肝病的背後真相

他跟著台灣肝病權威宋瑞樓教授做研究，當其他同學在畢業後自行創業時，他依舊選擇留在台大醫院，領著公務員的薪資，過著白天看診，晚上做研究的清苦生活。由於當時儀器設備簡陋，他常常還得去跟別人調度儀器。「別人在跑三點半，我是跑五點，很多東西都得趕在別人下班前，跑去向其他實驗室借鑰匙。」陳定信幽默地這樣打趣。

就這樣，他正式踏上與肝炎奮戰之途。爾後，這場肝炎聖戰動用的人力與資源，規模之大，涵蓋面之廣，都遠遠超乎他當時所能想像。

B 型肝炎病毒是罹肝癌的元兇

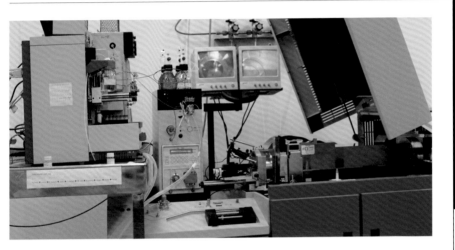

赴日研修取經

1965 年，美國布倫伯博士發現了 B 肝病毒抗原，使肝炎研究有了新的突破。陳定信在宋瑞樓教授的指導下，使用當時最新的「放射免疫分析法」，結果竟然發現，在慢性肝炎病人中，有 90% 都是 B 型肝炎病毒引起的，這個數據令大家都嚇了一跳。到底台灣有多少人感染 B 肝？又有多少人帶原？在當時研究經費有限的情況下，實在無法進行大量且有效篩檢，

此時，日本正好發展出一種敏感又便宜的檢驗方法，在宋瑞樓醫師的支持下，陳定信負笈前往「日本國立癌症中心研究所」進修。

自認為很努力的陳定信，在外地感受到日本人拚命的幹勁，一向不服輸的他，吃過晚飯後就留在實驗室研究，常常一不小心錯過最後一班電車，索性睡在實驗室裏，就這樣在日本過了 4 個月，回到台灣居然整整瘦了 8 公斤。

台灣 B 肝帶原者高居世界第一

他從日本帶回的凝血檢測法，已經比當時台灣本土普遍使用的洋菜膠檢測法準確 100 倍。陳定信用這種方法想知道，B 型肝炎在台灣到底有多普遍，檢驗結果，又令他們大吃一驚。

台灣一般成人中，有 95% 以上感染過 B 型肝炎，其中，有 15% 成為 B 型肝炎帶原者。相較於美國等先進國家，B 肝帶原者為千分之一的比率，台灣等於是別人的一百多倍，高居世界第一。很巧合地，就在這個結果出爐後沒多久，美國一項大型追蹤計畫也證實，B 型肝炎帶原者罹患肝癌的機率是非帶原者的 217 倍。

這解釋了台灣為什麼會有這麼多肝癌病例，而它們背後真正的元凶竟都是 B 肝病毒。但是，B 肝到底是怎麼傳染的？又要怎麼截斷傳染途徑？這又成為陳定信下一個追求的真相。

資訊知易通

肝炎傳染途徑

「肝」主要是負責排解血液中的毒素，它總是默默地工作，即使生病了也不會出現疼痛，讓人很容易忽略它的健康。肝炎有很多種類，各自傳染途徑也不太相同，其中透過口沫傳染的 A 型肝炎，以及透過輸血、生產傳染的 B 型和 C 型肝炎是台灣人健康的可怕殺手。

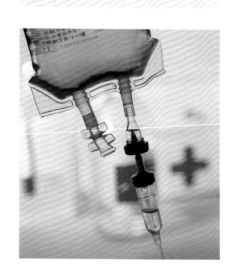

B 肝疫苗注射創下新典範

杜絕 B 肝須從預防做起

1979 年,陳定信再度接受宋瑞樓教授的安排,前往美國國家衛生研究院進修,當時他的太太許須美也申請到一所大學,為了方便照顧兩個孩子及母親,全

家大小決定一同前往美國。出發前,陳定信將 8 對肝癌組織切片的樣本,小心翼翼地放進乾冰,然後裝進釣魚用的小冰箱,就這麼一路呵護到太平洋彼岸。

很多人開始耳語,選在這個時候全家人搬到美國,可能已經做好不回台灣的打算。

1978 年中美斷交,對台灣而言,這是個劇痛的歷史傷口。台灣孤島在大時代的風雨飄搖中,顯得極其脆弱。親友們勸陳定信,以他優秀的能力,在美國先進的設備與環境下會有更好的發揮,不如就順勢留在美國吧。然而,陳定信十分清楚知道,他出國是為了解決台灣問題,不是為自己找更好的出路。

一年後,陳定信不但依約舉家返台,更在宋瑞樓的領軍下,為台灣打了

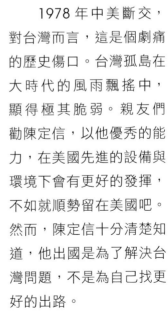

一場揚名國際的肝炎防治大戰。

這時日益進步的檢驗方式，開始一層層揭開 B 肝的神祕面紗。原來，很多人從出生開始就受到感染；到了 20 歲左右，大約有 70% 的人被感染過；到了 40 歲，更高達 90%，而其中的 15%，會成為 B 肝帶原者。由於並沒有任何藥物可以完全消滅 B 肝病毒，所以杜絕 B 肝，得從預防做起。

建請政府主導 B 肝疫苗接種

在宋瑞樓與陳定信長期的研究發現，台灣 B 肝最大的感染途徑是垂直傳染，而且這些新生兒因為抗體不足，在被感染後大多會變成 B 肝帶原者。為了徹底截斷感染源頭，師徒兩人共同代表台灣醫界向當時的行政院科技顧問組召集人李國鼎報告，建請由政府主導推動新生兒的 B 肝疫苗接種，展

開史無前例的「肝炎聖戰」。

1984 年，台灣成為全世界第一個大規模施打 B 肝疫苗的國家，先從新生兒，然後逐步擴大到學童及帶原者家屬，這項成果使得 B 型肝炎帶原者，從總人口的 15% 銳減至不到 1%，也使得包括日本在內的 90 多個國家跟進，為兒童全面接種 B 肝疫苗。

從「B 肝感染與帶原率」世界第一，到全球第一個以「疫苗抗癌」的國家，台灣以完整的研究與計畫，一步步擺脫 B 肝的危害，也為人類醫學史樹立新的典範。

盼能見證肝炎絕跡

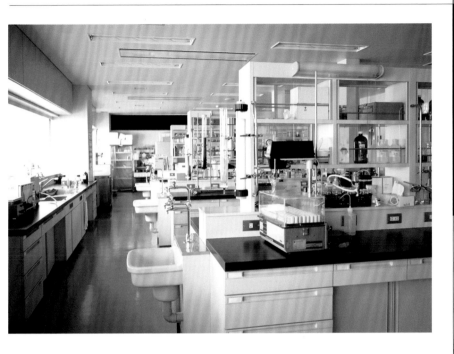

協助亞洲各國進行 B 肝防治

2010 年 10 月，「亞太病毒肝炎撲滅聯盟」（Coalition for the Eradication of Viral Hepatitis in Asia Pacific, CEVHAP）成立。台灣在 B 肝防治的成功經驗，使得台灣與澳洲成為聯盟的共同創始國，並擔任協助亞洲各國在 B 肝防治的政策制度、衛教宣導，這對台灣抗 B 肝成效是極大的肯定。

從年輕時期就參與台大醫院團隊，與肝病奮戰的陳定信，至今仍忙碌不已，看診、教學、研究，還要抽空出席行政院、中研院、國科會、衛生署、國家衛生研究院等單位的會議，但不論再怎麼忙碌，他都會回

到辦公室，閱讀新的學刊報告。這一天，我們隨著他走進辦公室，觸目可及的，除了快要無處可掛的獎牌、獎盃與匾額外，

陳定信教授鼓勵自己效法牛的精神，吃苦、堅韌，憨憨地做！

還有各式各樣牛的擺設，這個童年時代他就不陌生的動物，一直是他學習的對象。

「每頭牛都很能吃苦、很堅韌，就憨憨做，做到垮了為止。」他一直很欣賞牛，也一直鼓勵自己效法牛的精神。

脫離肝病三部曲魔咒

有一天上午，陳定信在醫院看診，一看就看到下午兩點多，突然下午掛第1號的病人很生氣跑進來質問，為什麼先看30號，陳定信只能頻頻道歉：「歹勢歹勢，這是早上的診。」問他什麼時候可以放慢腳步，好好享受退休生活。他說自己忙了

幾十年，閒下來會不習慣，而且，看病人已是生活的一部分，「除非我不能動，不然我會一直看下去！」

因為陳定信在臨床與研究上的投入，使得現在 20 歲以下的孩子，B 肝帶原率已經下降到與歐美一樣的水準，台灣終於有機會脫離「慢性肝病－肝硬化－肝癌」三部曲的魔咒。陳定信相信，B 型肝炎、肝硬化和肝癌在 20 年後罹患率會減少 90% 以上，肝癌將在 2035 年以後被踢出國人十大癌症死因之外。

這是陳定信一生最期待看到的成果，他說他要活到 100 歲，親眼見證那一天的來到。

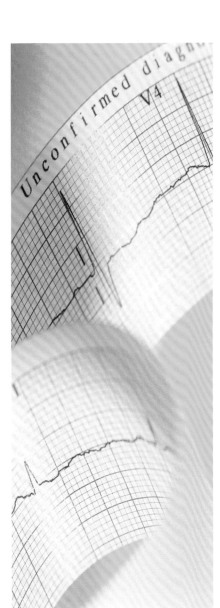

楊育民
將台灣品牌行銷到國際

他是電機博士，專業是自動控制；21年前，因為他的專業被挖角進入默克藥廠，從此與生技產業結下不解之緣，現今，任職羅氏藥廠全球技術營運總裁，

楊育民寫下華人爬上全球生技高階位置的罕見紀錄。

2007年，藉由楊育民總裁居中牽線，促成了美國基因科技與台灣宇昌科技 TNX-355 授權的合作案。楊育民將多年經營國際生技資源，回饋台灣正蓬勃發展的生技產業，希望能發展台灣品牌，在全球生技界爭得一席之地，在台灣製造 MIT 以外，還有「台灣發現」與「台灣創新」能揚名世界。

生技界的張忠謀 台灣人的驕傲

楊育民

電機博士攀升華人生技高階

　　2011 年清爽宜人的初秋，行政院在台北召開了推動生技創新產業化的會議，世界第五大藥廠羅氏（Roche）全球技術營運總裁（president of manufacturing and technical operations），從瑞士專程前來台灣演講。主持人介紹這個頭銜時，換來了如雷的掌聲，等演講者拿起了麥克風，許多台下與會的醫界專家此時才知道，這個掌管 16 個國家、20 個工廠、一萬兩千名員工的總舵手，不但是個土生土長的台灣人，還是個毫無醫學背景的電機系博士。但他憑著自己的努力與難得的機緣，寫下華人爬上全球生技高階位置的罕見紀錄。

　　來自台灣花蓮的楊育民，1969 年交通大學電子系畢業，1975 年拿到俄亥俄州立大學電機

博士，自動控制是他的專業，博士論文題目寫的是「機械人的控制」。在工作的前五年，他設計不少太空艙機器人以及太空站控制系統。1980 年，他進入奇異電子（GE），做的也是工程控制自動化，剛開始在研究部、後來調到工廠部，管理生產汽車燈泡的廠房。

1992 年，默克大藥廠（Merck）看上楊育民對控制系統深入了解，又有主管經驗，於是高薪挖角，從此和生技結下不解之緣。一路從默克、基因科技到羅氏藥廠，這位從電子業轉戰生技產業的工程師，非但沒有適應不良，反而寫下亮眼的成績。

問他跨度這麼大的兩個產業，是怎麼跨過去的，他輕描淡寫地笑著，「我是不小心掉下去的。」

然而，這樣的成功並非偶然，那是 40 多年一步一腳印的累積。在學校，他研究自動控制；在奇異，他學工廠管理；進入默克，他開始接觸製藥……這一路扎實功夫儲蓄的能量，日後轉化為驚人的爆發力，讓他領軍的羅氏，成為帶動國際生技起飛的火車頭。

5 年任內公司產值提升 4 倍

五〇年代初期，美國加州史丹佛大學將學校一小塊土地租借給高科技公司，從此，大學與企業密切的合作研發，為日後的美國矽谷奠下第一塊地基。20 多年後，1 小時車程外的南舊金山市，也因為學者與創投迸出的火花，點燃生物科技這項全新產業的璀璨前景。

生化博士波爾（Herbert W. Boyer）和創投者史旺生（Robert Swanson）1976 成立全球第一家利用基因工程製藥的公司（Genentech），隨

即推出第一種 DNA 合成藥物，改寫人類的製藥歷史。2003年，基因科技為佈局癌症藥物 Avastin，楊育民再度被挖角，從一開始負責三個製藥廠的副總裁，不到一年，他便晉升成管理全球 18 座廠的資深副總裁，在他任內的 2003 到 2008 年間，基因科技產值提高了 4 倍。

運用豐厚資源為台灣搭橋

2006 年底，這時已是基因科技執行副總裁暨 7 人決策小組之一的楊育民，在舊金山辦公室接到一通來自台灣的電話。剛接任中研院院長的翁啟惠，請託位居美國最大生技公司要職的他，出面為台灣生技界做點事。「我跟翁院長素昧平生，他這樣打電話給我，我十分感動。」本來就對台灣念茲在茲的楊育民，因為這通電話，開始積極為台灣的生技發展鋪路。

他除了義務參加在舊金山舉行的「新竹生物醫學園區指導委員會議」，也不斷對台灣生技發展提出建言，更常常在百忙之中，特地抽空來台灣演講、座談。

2007 年，基因科技收購美國 Tanox 公司後，屬意 Tanox 研發的氣喘新藥，而想把抗愛滋病 TNX-355 技轉出去。當時許多生技公司爭取授權，由於楊育民的居中牽線，加上陳良博院士、何大一博士、翁啟惠院長等科學家的背書，終於順利將 TNX-355 授權給台灣宇昌。促成基因科技與台灣宇昌科技（後來更名為中裕新藥）的合作案，讓台灣生技記上一筆的成功標記。

目前這項藥物已經通過 Phase II 的臨床實驗，正積極尋求和國際大廠合作，成為台灣少數有機會進入人體臨床的新藥。對於這項成績，楊育民功不可沒。

兼具理性與感性的企業領導人

運用部落格與同事分享心情

　　楊育民每次回台都是行程滿檔，除了演講，還有開不完的座談會，並與政府官員進行會晤。利用開會前的空檔，他特別接受採訪，清晨不到 8 點鐘，已見他斜背著大背袋，一襲素色西裝外套，配上牛仔褲與球鞋，少了威嚴凌人的架式，給人一種暖和煦的親切感。

　　「我上班時也是這麼穿的，剛開始時，（瑞士）那邊的人也不習慣，現在他們有些人也開始跟我這麼穿。」

　　才去瑞士兩年多，楊育民已經帶入很多軟性的文化革命，尤其在羅氏和基因剛合併時，在人事上難免有許多需要磨合的地方，這通常不是用規定就可以有效，而是要用心加以潛移默化。常用部落格和各地員工分享心情的楊育民，前些日子才寫了一篇「Are you a traveler or a tourist in Roche？」（在羅氏，你是旅人或過客？）。他說，旅人是用心、用感官來體悟新的經歷；而過客，希望吃喝住的都和家裏一樣，只想用眼睛看看風景，而不願更深入的溝通與了解。

融入環境　增強員工向心力

　　從台灣到美國、再到瑞士；從研發到生產、再到管理，不論在哪個國家，哪家公司，哪個部門，楊育民都全心融入環境，也用這套方法來增強員工的向心力。他笑著說「我這輩子都在做

控制系統，我設計控制太空艙的機器人，有 sensor（感應器）、有 feeback（回朔系統），回朔就是要親自去了解，如果你只是靠聽來的，就是二手的，是 delayed（延遲的）。但如果我實際去觀察去接觸，就能盡快得到回饋，然後做修正。」

就是因為這種堅持，所以楊育民在上任羅氏 100 天內，便馬不停蹄地跑遍當初分佈全球的 26 個廠，也正因為如此，即便他的員工來自全球各地不同文化，都能有很好的溝通管道。

資訊知易通

領導人的立體金塊

如何凝聚羅氏遍布全球一萬兩千名員工的向心力，楊育民認為希臘哲學家亞里斯多德在幾千年前就提醒人們，要使人信服得具備三點，其實這也是 leadership（領導力）的三大要素：Logos、Ethos、Pathos。

Logos：

是理性的、邏輯的，主要是怎樣解決問題、怎樣設計、怎樣分析、如何發展策略，可以從教育中學習。

Ethos：

則是有關於個性，包括勇氣、道德、正直與可信度，學習管道包括家庭或學校，甚至從聖經裡得到啟發。

Pathos：

這是當中最難的，它是情緒的、感性的、同理心的，這個沒人會教，也教不來，不過卻很重要。大部分的領導人都缺乏這一塊，這一塊將決定你的領導力是一張平面的紙，還是立體的金塊。

從不起眼的小地方累積能量

楊育民的父親楊金欉，是早年官派的高雄及台北市長。在那個「唯有讀書高」的保守年代，楊家五個兄弟姐妹都保有功課以外的興趣：楊育民喜好攝影、文學；他的大弟馬偕醫院副院長楊育正喜愛唱歌和畫畫，兩位妹妹更是正統音樂科班出身。因為認知到學音樂的好處，他自己的兩個孩子從小學鋼琴和小提琴。「音樂是很好的訓練，它可以培養 discipline（紀律），同時也是另一種語言的 reading（識譜）。」

其實不只是音樂，許多能力都是從不起眼的小地方累積來的，說到這一點，楊育民特別感念台灣的養成教育。

人生座右銘—「上善若水」

楊育民從小算盤打得好，奠定了良好的數理基礎；國文老師的啟蒙，讓他寫一手漂亮文章，讓他學會如何佈局、開場，學會用不同策略來寫詩、寫文章。因此，念大學時，他辦學校刊物「交大文苑」、「交大青年」，出國後，他繼續用英文分享自己的生活心得。在羅氏併購基因科技那一年，他的同事 Susan Desmond 離開業界，受聘擔任舊金山加州大學校長，楊育民以「上善若水」為題寫了一段文章。

「水是生命的源頭，她是那樣重要，卻從不居功；她看起來柔弱而謙遜，卻蘊含著極大的力量。」，老子的「上善若水」正是楊育民最崇尚的人生態度。

先訓練良好的記憶力

一直到現在，楊育民仍堅持每兩個禮拜上網寫部落格，每個星期假日固定與太太外出爬

山，上 Facebook 更新照片，甚至，他不假手祕書，每天親自處理五百封郵件，過去寫日記、周記的訓練，讓他有了「今日事今日畢」的習慣，再繁雜瑣碎的事只要在他腦袋裏一轉，就自動分類處理，不但處理效率高，資料庫也大得驚人。尤其在訪談的當下，楊育民居然不看筆記、不看電腦，一口氣把未來 6 個月「全球跑透透」的行程，交待得鉅細靡遺。問他怎麼有這樣的記憶力，他說：「要做好事情，記憶力很重要。但記憶力不是天生的，而是訓練來的，腦袋和肌肉一樣，不用就萎縮了，愈用會愈好。」

他看似積極進取的個性，其實並沒有抹煞感性的一面，楊育民在爬山、旅遊、攝影與寫作中，享受到完整而平衡的人生。正如我們對於他那紅色麂皮皮套的 i-Pad，投以好奇的眼光時，他邊笑邊說：「紅色很漂亮啊，不過我也有黑色的！」

他的兩個 i-Pad 皮套，活潑熱情的紅色，與穩重保守的黑色，像極了他的個性，走在蛋白工程、生物科技的最頂端，卻仍保留著人文的細膩，讓他有著介乎企業家與學者之間的罕見氣質。

楊育民博士（右）2011 年 10 月專程來台出席「行政院生技產業策略諮議委員會議」（BTC），與李宗洲博士（左二）及中研院翁啟惠院長（右二）、台大醫院張上淳副院長合影。

總裁出馬　為台灣生技把脈

先改變投資心態

在行政院召開的生技產業策略會議上，講台上的楊育民正用精確的數據與投影片，分享他對「全球生物科技製藥產業潮流」的看法。

他開宗明義地破題，當百年歷史的化學製藥呈現穩定平衡的同時，新興的生技製藥每年以 15% 的成長率持續竄升，2011 年全球營業額更高達 8,800 億美元，這項高風險、高報酬的產業，已吸引全球先進國家競逐，台灣自然不應缺席。

台灣人聰明、工作努力又有彈性，而且在過去累積了很多化學、醫學及工程人才，有很強的競爭優勢。不過，缺乏長期投入的決心，總想很快回收，所以台灣要發展新藥，首先就要改變投資的心態。楊育民進

一步解釋，一種新藥的研發成功，通常要 10 年的工夫，而且動輒 10 幾億美元，成功率更只有 5%，一旦成功，報酬相當可觀。台灣不缺人才，不缺資金，但缺敢冒 10 年的風險，政府就是要扮演降低風險的角色。

訂定完善法規與獎勵制度

楊育民認為，目前台灣最重要的就是制訂完善的法規，尤其政府創投基金投資產業，馬上就要看到獲利及效率，這其實很不利生技發展。楊育民以現在的居住地瑞士為例，瑞士很小，卻是全球藥廠最集中的地方，特色在於中央政府權力很小，但縣市政府的權力很大，甚至對於各企業的稅賦有一定的決定權，這讓地方政府發揮空間很大，努力創造好的投資環境，以利招商。有了完善的大環境，就要引進好的人才，對於這一

點，一定要有良好的獎勵制度，而且這個獎勵制度不能只跟本土比，還要跟其他先進的歐美國家比，唯有更好的條件，台灣才能留得住人才。

以發展台灣品牌為終極目標

同時，楊育民認為台灣不該走生技代工的模式，他認為這種工廠黑手的價格，最後會淪為殺價大戰，台灣敵不過中國、印度等國家。我們應該發展的是台灣品牌 (Taiwan Brand)，所謂的台灣品牌「就是 cheaper, better and faster!」。

有別於過去電子業的成功模式，台灣要在生技界爭得一席之地，除了台灣製造 MIT（Made in Taiwan）之外，還要「台灣發現」（DIT, Discover in Taiwan）及「台灣創新」（IIT, Innovate in Taiwan）。

楊泮池
量身打造肺癌治療

Dr.李
EZ TALK

　　台大醫學院院長楊泮池，是台灣致力推動「轉譯醫學」有成的國際知名學者。其中，最廣為人知的成就，就是有關於肺癌基因體醫學的研究。

　　此外，楊泮池院長更勇於挑戰權威，改寫教科書的另一具體例子，就是開發「胸腔超音波」的應用。

　　2011 年，楊院長積極搭建「實驗研究」和「臨床醫藥」的橋樑，並主持整合型的生技醫藥國家型計畫，希望推動「生醫研究」和「生技產業」的整合，讓台灣的臨床轉譯研究、臨床試驗，能提升成為整個華人的窗口，並成為全球生技醫藥的研發重要所在。

研究台灣本土肺癌治療

楊泮池

台灣罹患肺腺癌發生率最高

在病房和實驗室之間穿梭，台大醫學院院長楊泮池是台灣致力推動「轉譯醫學」有成的國際知名學者。楊泮池院長最廣為人知的成就，就是有關於肺癌基因體醫學的研究。

「我是胸腔科醫師，診療的病人中很多都罹患肺癌，但是台灣肺癌的致病原因和症狀，與國外並不完全相同。」楊泮池院長

大師光譜

現任：

台大醫學院院長
中央研究院院士

學歷：

台灣大學臨床醫學研究所博士
（1986-1990 年）
台灣大學醫學系（1979 年）

經歷：

- 台大醫院內科主任
- 基因體醫學國家型計畫微陣列核心實驗室負責人
- 中央研究院生物醫學科學研究所研究員
- 台灣胸腔及重症學會理事長
- 基因體醫學國家型計畫肺癌組召集人
- 台大醫院教研副院長
- 台大國家級臨床試驗研究中心主任

榮譽：

- 教育部學術獎（2002）
- 87 學年度台灣大學教學傑出獎（1999）
- 國科會傑出研究獎（1994-1995,1996-1997,1998-1999）
- 北美台大醫學院校友基金會最佳臨床教師獎（1993,1997）
- 中華民國第 31 屆十大傑出青年（1993）

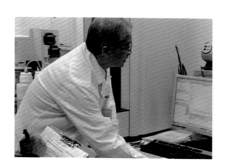

隨手點開電腦檔案裡的一篇學術論文，指著幾張女性肺癌病患的胸部 x 光圖繼續說著：「我們台灣的女性肺癌病患當中 93% 並沒有抽菸，但是在西方的女性肺癌病患中卻有 80% 是有抽菸的，所以東方人和西方人在肺癌方面發病的原因是很不一樣的；加上得病的細胞型態也很不一樣，我們的病患是以肺腺癌為主，肺腺癌在白種人的發生率也是愈來愈高，但是我們台灣好像增加得比他們更早、更快。」

東西方罹病原因迥異

　　肺癌是國人癌症十大死因的

第一名，楊泮池在第一線接觸病人時發現：台灣肺癌病患的致病原因和症狀表現，都和西方人所編寫的醫學教科書上，有很大的不同。西方人的肺癌，80% 是吸菸引起；而台灣男性肺癌成因只有三到四成是吸菸，女性更低到 7%。另外，國外教科書上指出，肺癌的症狀是久咳不癒、喀血；但大多數台灣的肺癌病患初期並沒有明顯的症狀，當症狀出現、診斷出結果時，幾乎都已經是較為末期了。因為發現東西方的差異，楊泮池便開始帶領研究團隊針對台灣本土病例，做本土研究，在治療和給藥方面，另闢蹊徑。

推動個人化醫療

標靶藥物具高度療效

「人的基因大概是兩萬五千個左右，但是其實這些基因是動態的，人類在做某一些事情、或出現某一些生理現象、或者生病的時候，這些基因的表現是不同的，我們就可以抓得出來。」走進楊泮池位在台大基因體醫學研究中心裡的專屬實驗室，各式高科技的基因檢驗儀器琳瑯滿目。

「癌細胞有賴以存活的優勢，這些癌細胞可以存活的比其它癌細胞好是有特徵的，上皮細胞生長因子受體（EGFR）就是其中之一，這種受體接受外界刺激後，癌細胞可以很有效率的存活下去，如果我們把它阻斷，癌細胞就活不下來，標靶藥物就是把它阻斷掉。」從基因變異的研究，楊泮池發現，台灣的肺癌病患有四成到五成「上皮細胞受體」會發生突變，而這其中高達 8 成的病患，都可以使用標靶藥物達到不錯的治療效果。「我們抽組織裡的 RNA 跟 DNA 做基因檢測，看它發生肺癌主要是從哪一條路徑癌細胞變得活躍，我們希望有特別的藥物將這個路徑阻斷；阻斷後癌細胞會自行死掉，這是比較聰明的做法，我們稱為標靶治療。」

楊泮池的研究團隊發現，原本在國外效果不佳的標靶藥物，卻對國內 80％有肺癌上皮細胞受體突變之病患產生療效，而且一天口服一顆藥，副作用小，比起傳統化療藥只有三成

有效,而且常會伴隨噁心、嘔吐、掉頭髮、白血球數降低等副作用,標靶治療可以大幅提升肺癌病患的生活品質。

將對的藥給對的病人

「現在已知會產生肺腺癌的基因變異,並且已經有好幾種用藥,我們可以做一次檢測,就知道病人應該用哪種藥。當病人抗藥性發生時,會產生一些基因變化,從抗藥、質譜儀的變化,可以知道這個病人再使用這個藥是沒有效的,應該要選擇其他的藥,這就是整個個人化醫療的精神。」透過最先進的基因檢測,替每個

病人量身打造適合的治療方式,楊泮池讓個人化醫療,成為肺癌治療的主流,也使得台灣肺癌治療的存活率比美國更進步。

在台灣,第三期、第四期的肺癌病患用標靶治療藥合併化學治療藥可以讓病人存活將近 2 年,而白種人約為 1 年到 1 年半。因此,許多移民到美國、加拿大的華人病患,都不遠千里來台治療,因為台灣治療肺腺癌的經驗比美國大部分的醫院更多。「在治療方面,不能再像以前亂槍打鳥!所有的藥讓所有人都一體適用是藥廠的想法。站在醫師的立場,應該要為病人考量何種藥最適合。將對的藥給對的病人,這是目前很重要的轉變。」

針對基因差異設計藥物

中央研究院院長翁啟惠相

當推崇楊泮池在肺癌基因體醫學研究上的貢獻，「很多跟基因相關的疾病，楊泮池院長都很了解，尤其是因為基因而引起的差異，如何針對基因的差異所產生的疾病來設計藥物，如何去治療，楊泮池在這方面特別有成就。」

台大醫院院長陳明豐非常肯定楊泮池所提出的「個人化醫療」概念，「楊泮池教授在國際上受到很大肯定，而這樣的觀念告訴我們：不只華人、西洋人有時也會發現某些藥物可能會對某些人種特別有效，這就是打破了我們以前治療病人沒有所謂個人化、或者是特殊的差異性發展，在有此概念以後，試著用標靶藥物的研發、用個人化的醫療來針對個別的病人，或者是哪些人得到哪種疾病時，應該進行何種檢測，這對每一個病人都有非常大的幫忙。這是一個非常重要的概念，而這就是楊院長團隊最先提出來的。」

找出肺癌高危險群

肺癌的增加率一直在升高，已經是台灣重要的國病之一。在肺癌轉移模式的研究中，楊泮池發現，台灣每年有 9 千多個肺癌新案例，90% 的病患在一年內就過世了，治療效果並不理想。最

生技最前線

肺癌個人化醫療

運用基因檢查，發展出華人肺癌病患對於某種藥物的治療特別有效，這也適用於其他癌症的病人，做一個基因檢測，發現某些藥品特別有好處、對病人特別好，用這些藥品的篩檢去對不同的病人做不同的治療，就是所謂的個人化醫療。

主要的原因，是高達 77% 的病患被診斷罹癌時就已經處於晚期的第三、第四期了，這是因為肺腺癌通常都生長在肺比較周邊的地區，不容易有症狀出現，一直到癌細胞壓迫到氣管、神經、心臟等組織器官時，往往就來不及了。而肺癌拖到第三期、第四期才發現，五年的存活率就只剩下 10~15%，但如果病患能夠在第一期就發現，五年存活率就可以達到 70%，第二期發現的五年存活率則為 40~50%。因此要降低死亡率、延長生命，就必須及早發現、早期診斷，讓肺癌病患在第一期、第二期時就能被診斷出來。

「重點在找出高危險族群，現在我們用小量檢體就可以檢測出來。」不同於病人必須開刀拿出檢體塊做基因定序，楊泮池研究團隊目前所發展的新方法，只要用極少量的細胞做基因定序，就能知道病患的上皮細胞生長因子受體 EGFR 有沒有發生突變，甚至進一步還可以知道突變的比例以及其與病人存活的關係，讓醫師可以更準確地預估病患存活的情形。

生技最前線
肺癌高危險群應定期接受低劑量 CT 診斷

楊泮池院長建議，透過家族史和帶有危險基因者當中找出罹患肺癌的高危險群，讓他定期接受低劑量電腦斷層掃描（CT）進行診斷，就可以同時兼顧病患個人健康和醫療資源有效運用。「肺腺癌在 1、2 公分大，甚至不到 1 公分時就診斷出來的話，是治療的最佳時機。如果是 1 公分以下的肺腺癌，五年的存活率就可以達到 95% 以上。」

勇於突破傳統 & 挑戰權威

推動生醫研究與生技產業的整合

除了在肺癌的治療上突破傳統，楊泮池院長勇於挑戰權威、改寫教科書的另一個具體例子，就是開發「胸腔超音波」的應用。

不斷地將門診中所遇到的病患問題，在實驗室尋找解答，再將研究成果實際應用到病人的治療上。「以往所有學界較習慣就是做研究，做完研究後發表論文，也許升等，就結束了。但我們是臨床醫師，天天從病人身上看到很多問題，這些問題一定要想辦法在實驗室裡想出一個方法，然後幫忙解決病人問題。經過一些設計實驗的方式，也許在實驗室可以證明：某些特殊的疾病我用這方法可以得到更好的治療成果，但這個研發的成果如果只是寫一個論文，並沒有真正幫忙到病人。所以一定要在臨床病人這裡得到驗證，這個新的診斷方法、新的治療方式，真的可以幫忙病人解決問題！這才是臨床醫師、也是我們做臨床研究最重要的

目標。」楊泮池堅定地說。「轉譯醫學的觀念就是，從病人得到、看到問題，然後把它轉成一個可以用實驗室回答這個問題的一個假說，之後到實驗室用一個科學的方法，去證明這個假說是可以被解決的。你可以研發一些成果來解決這個問題，那這個成果一定要應用在病人身上。這樣周而復始，才可以使病人問題，可以一直因為科技的進步，他的診斷、治療、疾病的預防，可以得到改善。」

積極搭建「實驗研究」和「臨床醫藥」之間的橋樑，楊泮池從 2011 年開始主持一項整合型的生技醫藥國家型計畫，希望推動「生醫研究」和「生技產業」的整合。

研發要應用在病患身上

「研究人員在研發的過程當中，一定要去思考：這些研發的成果是否真的可以應用在病人身上？可否真的申請到專利？是

否能技術轉移出去給產業界？能否經過臨床試驗、證明它真的對病人有效？這才是比較實際的。我希望這些轉譯醫學的精神能夠在新的計畫中貫徹。」楊泮池滿懷自信微笑地說：「這整個生技醫藥國家型計畫的目標是很明確的，就是針對國人重要的疾病、而且研發的成果一定要能夠實際用到病人身上。讓所有參與研究計畫的學者都知道，他的研發方向不能只有在前端機轉的部分，而是一定要走入到病人或者是動物實驗，可以印證這些研究的成果真的是對病人有幫忙的。然後再利用資源中心積極幫助申請專利，至少可以執行臨床前期的試驗，以證明真的對病人有幫忙，這樣的研發成果就會被加值，才能真的推廣到產業界、帶動整個生醫產業的發展。」

推動疾病臨床試驗研究群

特別是在臨床試驗的部分，楊泮池表示，未來希望推動每個疾病都能結合在一起，形成各個「臨床試驗的研究群」。「可能幾家醫學中心做某一特殊的疾病，譬如肺癌，我們就把研究肺癌的臨床醫師們集合在一起，如此一來所有的病人就集中了，所執行的臨床試驗就非常有效率。而且，我們就更有與國外爭取早期臨床試驗的實力，可以爭取更多臨床實驗。此外，我們自己的研發成果也可以透過這臨床試驗的研究群，執行早期的臨床試驗，那將會形成很多很多我們國人特殊疾病的臨床研究群組來。」楊泮池耐心地解釋著，「同時這臨床研究群組可去搜集病人的檢體，作為轉譯研究的用途。因為每個病人進來後會搜集他的臨床資料，診斷的檢體可以開放給所有的學者，假如這些學者能夠申請計畫，通過所謂的 IRB（臨床試驗的倫理規範），就可以利用這些檢體進行其研發，證明研發的成果是實際上病人可以用的。」

全球生技醫藥研發之最

目前在台灣，以台大醫院為首的卓越臨床試驗中心，在國際上已經享有高度評價。

台大的臨床研究能力在亞洲區排名第四，僅次於日本和澳洲的頂尖醫學中心，這項成就，不只讓台灣病患有機會提前使用各國的最新藥物來治療，更是加速台灣本土新藥或是醫療器材研發成果產業化的一大利器。

中央研究院院長翁啟惠主張，台灣生技業現在要強化的正是所謂的「第二棒」，翁啟惠認為台灣有很大的機會，因為台灣的生物科技方面，基礎研究做得很好。如何結合學術界的能量，帶動產業的發展，那是一個相當重要的課題。

生技產業的發展，如同一場接力賽。台灣優秀的研發人才已經跑出亮眼的第一棒，在華人世界居於領導地位。台灣正加緊腳步，準備在第二棒全力衝刺，成為全球生技醫藥的研發重要所在。

✚ 資訊知易通
整合型生技醫藥國家型計畫

楊泮池表示，整合型生技醫藥國家型計畫的重點，是希望能夠讓所有研發的成果，無論是藥物、醫材、診斷試劑，或是新的治療方法、舊藥新用等等，都能推展到臨床、真正運用在病人身上。「我們現在研發的成果已經相當不錯，這幾年累積了相當多的研究能量。台灣的臨床試驗學者是跟國際同步的。我們的族群跟中國大陸是一樣的，所以，假設在台灣執行臨床試驗證明某些藥物對華人是有效的，那它在中國大陸的市場機會就更大。因此，我們希望把台灣的臨床轉譯研究、臨床試驗，提升成為整個華人的窗口。台灣絕對有國際競爭力！」

陳鈴津
研發抗癌藥 20 年有成

「轉譯醫學」成績斐然 知名學者國際爭光！醫藥界的學術研究，最終目的，無非是希望造福人類，找到新的診斷方式、或新的治療方式、實際應用在病人身上，這，就是所謂的「轉譯醫學」。

台灣在「轉譯醫學領域」上，擁有相當不錯的成績，同時也培養出好幾位享譽國際的知名學者，中研院基因體中心副主任陳鈴津就是其中之一，她致力於兒童罕見疾病癌症治療研究，2009 年，被美國臨床腫瘤學會選為年度最具突破性的腫瘤標靶治療前五名，並入選「年度最佳醫生」，更受國外醫學推崇稱之為「健康英雄」。

罕見疾病治療研究的推手

陳鈴津

致力幼童癌症免疫療法研究

好萊塢電影「愛的代價」，描述一位醫學博士為了研發罕見疾病「龐貝氏症」的藥物而投入畢生心力的感人故事。

真實世界裡，這位解救全球每年上千名「龐貝氏症」新生兒遠離「活不過6個月」魔咒的大功臣，就是來自台灣的陳垣崇博士。

而在陳垣崇生長的醫師世家裡，其實還有另一位同樣為

現任：
中央研究院特聘研究員兼中心副主任
中央研究院醫學生物學組執行長

學歷：
芝加哥大學微生物學博士
耶魯大學碩士
台灣大學學士

經歷：
- 加州大學聖地牙哥分校醫學院小兒科教授
- 加州大學聖地牙哥分校小兒科血液和腫瘤研究計畫主任
- 芝加哥大學附設醫院住院醫師
- 哈佛大學波士頓兒童醫院研究醫師
- 台灣大學醫學院小兒血液腫瘤科的兼任教授
- 美國癌症研究院（NC）顧問委員
- 美國兒癌研究組織（COG）研究小組委員

榮譽：
- 美國血液及淋巴腺癌協會「生命之鑰」（Key to Life）
- 美國癲癇學會「健康英雄」（Health Hero）
- 聖地牙哥 Qualcomm 球場「生物科技明星」（Biotech All-Stars）
- 加州大學聖地牙哥分校「年度最佳醫生」
- 第十九屆王民寧獎

了罕見疾病患者奉獻心血，也同樣受到國際醫學界高度肯定的醫師科學家，她，就是中研院基因體中心副主任陳鈴津。

打開電腦，連上搜尋網站，輸入陳鈴津博士的英文姓名，就可以看到密密麻麻、上百家國際媒體的大篇幅報導，陳鈴津博士絕對是值得國人驕傲的

「台灣之光」。

陳鈴津在國際上最廣為人知的成就，就是在幼童癌症的免疫療法上，獲得重大突破。她的研究成果，經過第三期臨床實驗證實，可以讓「神經母細胞瘤」患者增加 20% 的治癒率。

運用被動性免疫療法進行治療

陳鈴津表情凝重地說：「我面對過的癌症當中，最難纏的一個就是神經母細胞瘤。因為它常常是早期很難發現、沒有什麼症狀，等到發現的時候就已經太晚了，已經是所謂的高危險群或者是癌症後期了。我們現在用最高劑量的治療法，化學治療、開刀、包括幹細胞移植、放射線治療⋯⋯統統做了之後，還是有一半以上的病患會復發，而且一旦復發，就沒有救了！」

跳脫傳統療法，陳鈴津嘗試從免疫學觀點，設計單株抗

生技小辭典
神經母細胞瘤

「神經母細胞瘤」(Neuroblastoma) 是一種相當罕見而且極難治癒的兒童癌症。它的癌症細胞源於病患的頸部、胸腔、及腹部的神經細胞，早期通常沒有症狀，發病就已經來到末期。此時再進行放射治療、化學治療、開刀與骨髓移植，僅有 3 成的治癒率。美國每年兒童癌症的死亡案例，即有 15% 是「神經母細胞瘤」所導致。

體，發明了「以 GD2 醣脂質為標的」的「被動性免疫療法」。

「癌細胞來自正常細胞，不是病毒，所以我們人體內的免疫系統不容易辨識、對抗它們。而且癌症細胞很厲害，它會有各種各樣的機制來逃避我們的免疫系統，所以我們才需要想盡辦法，看怎麼樣能夠增進癌症細胞的免疫系統，利用免疫機制來治療癌症。」陳鈴津不厭其煩地解釋著。

面臨資金短缺仍不放棄

陳鈴津博士投入這項研究長達 20 多年，早在她返回台灣服務之前，即與美國著名研究機構 Scripps 的瑞斯福博士 (Dr. Ralph Reisfeld) 攜手合作。她從申請 IND(Investigational New Drug) 開始，歷經由加州大學聖地牙哥分校所支持的臨床一、二期的實驗，並主持第三期全美與跨國的臨床實驗。

期間，陳鈴津親身經歷了新藥研發漫長而艱辛的過程。陳鈴津研究到第二期時，就曾因為資金斷糧、導致最後階段的研究無法繼續下去。但她不願意就此放棄，勇闖華盛頓特區和相關機構爭取經費，第三期臨床實驗係由美國兒童腫瘤協會及美國國家衛生研究院癌症中心共同支持。 好不容易才讓研究成果走到了申請上市的階段。

生技最前線

免疫療法

免疫療法，是利用免疫機制治療癌症。而「被動式」的免疫療法，就是拿外面已經做好的單株抗體給病人，當抗體跟癌症細胞的抗原結合，就會產生一個訊號吸引殺手細胞過來，當殺手細胞碰到了、走近了，便會去消滅癌症細胞。

以醣脂質研究擴大癌症治療

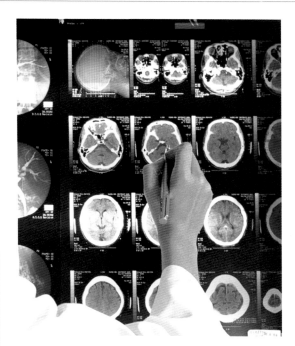

以醣脂質成功治療癌症

美國醫學界稱陳鈴津的這項抗體免疫療法是「癌症療法的聖杯」，因為它能精準地針對癌細胞表面的專屬醣脂作用，對於正常細胞的影響則趨近於零。這是全球第一個成功案例，也是近年來癌症研究最重要的成果之一。

「它是一個『醣脂質』，也因為這樣子它這麼受重視。因為所有現在已經上市抗癌的抗體，都是針對『蛋白質』的抗原。以前有人試過要用『醣脂質』做抗原，都沒有成功。我們這是第一個以『醣脂質』為抗原，治療癌症成功的！」

陳鈴津的研究成果不只登上權威的醫學雜誌「新英格蘭醫學期刊」，並且被美國臨床腫瘤學會（ASCO）選為 2009 年度最具突破性的腫瘤標靶治療前五名，還獲選「年度最佳醫生」，美國癲癇學會更推崇她是「健康英雄」。

病患重生帶來無限動力

不過對陳鈴津來說，這些頭銜都抵不過親眼看見病患重生，

所帶來的感動和喜悅。最讓陳鈴津在研究過程中感到「所有困難和努力都有價值」的，就是病患的重獲新生。

「這是今年他高中畢業，非常地活潑、體格很壯碩。我去芝加哥演講的時候，不曉得他是從哪裡聽到關於我的訊息，當天我演講結束，就這麼一個彪形大漢衝上來、抱了我一下，我嚇死了！正在想說這是誰呀？眼睛瞄到站在他旁邊的媽媽，我才知道，原來他就是我以前治療的那個小病人，沒想到現在竟然已經長這麼大了。他跟我說：『游醫生（註：陳鈴津博士的配偶為游正博博士），謝謝！如果沒有妳，我今天就沒辦法站在這裡了！』我實在太開心了！那種可以治癒別人、帶給別

人希望的感動，真是比什麼都值得。」陳鈴津看著電腦上病患寄來他一路成長的照片，心滿意足地微笑著說：「雖然到目前為止，研究結果能治療的人數還很有限，還有很多事要做，但只要想到能再多救一個人的生命，就有繼續做下去的無限動力。」

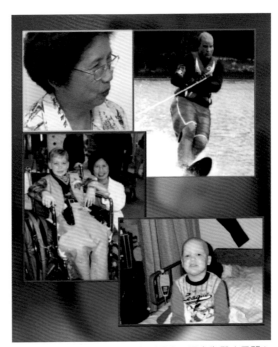

親眼看見小病患經過醫治而順利長大，是身為醫生最開心的事。

推動轉譯醫學盼造福病患

　　中央研究院院長翁啟惠，也相當推崇陳鈴津的成就，「陳鈴津教授她在美國 UCSD（加州大學聖地牙哥分校）主持臨床研究方面，非常有名。很多在臨床試驗的設計，都是由她來規畫；甚至主持大型的、不管前期或是後期的臨床試驗，她都扮演非常重要的角色。陳鈴津教授在轉譯醫學這個領域，是一位非常突出、非常有傑出貢獻的一個科學家！」

　　接下來，陳鈴津正積極地把這項研究的基礎擴大到其他癌症的治療上，像是利用醣脂質來研發「乳癌疫苗」，希望能跨越實驗室和臨床研究之間的鴻溝，將更多實驗室的理論和研究成果，應用到臨床治療，實際造福更多病患。這就是她從美國返台後，大力推動的所謂「轉譯醫學」。

編著者簡介

李宗洲博士

行政院科技顧問組生技辦公室主任、美國德州大學細胞與結構生物學研究所博士，在美期間共19年，曾任職美國國家衛生研究院癌症研究所（NCI）、美國 Van Andel Institute、美國喬治城大學醫學院。

50年代曾是揚名球壇的國家少棒隊「七虎隊」游擊手，並代表遠東區參加世界少棒錦標賽，初、高中分別就讀士林華興中學、省立高雄中學。投入生技領域後，秉持打棒球時團隊合作的精神與初衷，期望為台灣生技產業擦亮鑽石般的燦爛前景。

為了讓國人更了解生技產業現況與發展，曾製作並主持在民視、緯來、非凡、TVBS等電視台播出的「生醫新藍海」、「綠活新藍海」、「生醫科技島」、「啟動生技解碼」等節目，並編著「生醫新藍海」、「綠活新視野」、「生醫科技島」等書，對開拓國內生技產業發展不遺餘力。

李宗洲博士在「行政院生技產業策略諮議委員會議」（BTC）上，與諮詢委員許照惠博士

啟動生技密碼 / 李宗洲編著 . -

初版 . -台北市：民視文化, 2011.12

面； 公分

ISBN 978-957-29821-8-1（精裝）

1. 生物技術業 2. 產業發展 3. 個案研究

469.5　　　　　　100026504

啟動生技密碼

委辦單位　財團法人工業技術研究院

編　　著　李宗洲

撰　　文　李宗洲、黃兆徽、鄭怡華

攝　　影　葉晏昇、吳逸驊、呂家慶

資料提供　民視「啟動生技密碼」製作小組

圖片提供　民視「啟動生技密碼」製作小組

美術設計　洪嘉偵

· ·

發 行 人　田再庭

出 版 者　民視文化事業股份有限公司

　　　　　地址　台北市八德路三段 30 號 14 樓

　　　　　電話　（02）25702570

　　　　　傳真　（02）25772512

製版印刷　歐陵開發有限公司

· ·

總 經 銷　知遠文化事業有限公司

登 記 證　行政院新聞局臺業字第 1601 號

初　　版　2011 年 12 月 26 日

售　　價　300 元